一人公司

為什麼小而美
是未來企業發展的趨勢

Company of One

保羅・賈維斯（Paul Jarvis）著
劉奕吟 譯

獻給露娜（Luna）

世界上沒有所謂的「持續成長」，偏偏這卻是傳統商業人士所渴求的事。但成長的目的是什麼呢？牛津大學如此有名，它為什麼不在華盛頓哥倫比亞特區設立分校呢？一個擁有一二〇位音樂家的交響樂團很成功，為什麼擁有六百位音樂家的交響樂團沒有更成功呢？「成長」完全稱不上是有效的商業策略。

——李卡多．塞姆勒（Ricardo Semler），塞氏企業（Semco Partners）執行長

目錄

推薦序　「一人公司」是一種社會運動

他住在森林裡，每天早起看兔子嬉鬧，阻止浣熊破壞他的花園。他並非什麼不問世事的隱士，而是從遠端操控網路事業的創業家，每天他只工作到午後，就在森林裡騎腳踏車，從他的花園裡採集晚餐食材。這聽起來像是科幻電影或小說情節，但卻真實的是網路人保羅．賈維斯的日常生活。

他是一位設計師，客戶包括賓士、微軟等《財富》雜誌五百大企業，過去二十年他始終保持「一人公司」，憑一己之力建立了自己的線上事業帝國，總收入估計超過台幣一億元。他的版圖包括四個線上課程，一個Podcast、一個部落格、一間軟體公司、兩本實體書，他的新書《一人公司》，是我今年看過最棒的書，因為愛不釋手，我還特別為這本書成立了一個讀書會。事實上除了書，我看完他部落格上的所有文章，從未漏掉任何一封他發的電子報，他的內容除了實用，啟發性也相當高。身為同樣是資深網路人、數位創業家、一人公司的擁有者，我把保羅．賈維斯（Paul Jarvis）當作我的偶像和引路人，而這本《一人公司》就是我的心靈伴侶，我不但已熟讀三遍，而且逢人就推薦，得到的反饋也都讚不絕口，彷彿終於有人道出了我們的心聲，並以高超的文筆寫出一份完整的指南。

書中有太多的啟發，能一再衝擊你對工作和生活的思維，其中我非常喜歡的觀念「Rich life over riches」，意思是「一個豐富的生活，勝過很多錢」，這點讓我非常的認同，他講中了我的價值觀，跟我現在正在做的事情。當然，我們每個人都要追求更好，但是更好（better），不見得是更大（bigger）。很多創業家都會以比爾．蓋茲（Bill Gates）、馬克．祖克柏（Mark Zuckerberg）、伊隆．馬斯克（Elon Musk）這種享盡媒體光環的人當做偶像，認為他們指引我們一條路，我們的創業就是該走這條路。但其實不是的，這只是「其中」一條路而已。我們不需要好像被強迫似的趕路，然後無止境的追求成長，才算是成功，重點是我們如何去更聰明的工作，創造一個你自己想要的生活方式，保有高度的自由，和一個工作與生活平衡、「生活型態」的企業。

就像書中強調的，我們一定要去定義「我們要多少？」我們的「足夠」（enough）

是多少？是什麼？而非一直去追求成長（growth），因為成長有其代價，若因此犧牲掉你的家庭生活、人際關係和其他機會成本，那反而是盲目不智的。在我們創業的過程中，你要不斷的去問自己：你想要更忙碌的生活？還是你想要更好的生活？

書中提的「一人公司」，指的並非你不能請員工，永遠都只能靠自己，一人公司是一種精神，他要我們去質疑成長，在面對機會的時候要保持清醒，做出對的選擇（不一定是將公司變大）。他在書中提到許多案例，去比較那些盲目追求成長而失敗的公司，和那些保持清醒，刻意不擴張卻知足的創業者，來證明為何保持小規模是企業發展的下一個大趨勢。

我的身邊有許多自由工作者，也有許多對朝九晚五充滿抱怨的上班族，其中有些人對於創業躍躍欲試。作者提到現今工作型態的改變，加上科技的進步，我們將會看到越來越多的一人公司崛起，但以現實面來說，是否每個人都有機會呢？我想引述作者部落格裡的一篇文章「Find your rat people」（找到跟你一樣喜歡老鼠的人），這篇文章是說大部分人養寵物，都養狗、養貓，很少人養老鼠，因為很多人很不喜歡老鼠，或是害怕老鼠，所以當你說你養老鼠，而且非常愛老鼠的時候，就像作者一樣，大家會覺得你很怪。可是對於他來說，他還成立一個老鼠的論壇，這個「愛鼠人俱樂部」的人數還不少。這篇文章的意思是說不管你多怪，或者你的興趣多小眾，你一定會有一群跟你一樣喜好的人，然後你只要去照顧好他們，就有可能發展出一份事業了，這跟凱文．凱利（Kevin Kelly）所說找到「一千個鐵粉」類似，不用太大、太多，達到「足夠」即可。

我在教個人品牌的時候，常說「成也個性，敗也個性」。就像書中提到的，一人公司就等於你的個性展現，如果這個人不喜歡你的個性，就隨風去吧；如果他喜歡你的個性，他就會願意停下來。你的專業可以被複製、被取代，但你的真實個性、人格特色則永遠不可能，這個「真實你」就是一人公司的最大特色。所以我的結論是，YES，每個人都有機會，而且在台灣已經有越來越多個人品牌事業的崛起，包括一人出版社，SOHO族接案者，還有很多「超級個體」如知名部落客、網紅、Youtuber、團媽，他們其實都是一人公司，踩著最精實的步伐，一步一步慢慢擴張。

作者在最後說「每個人都是一人公司」，為什麼呢？因為全世界只有你自己，最在乎自己的職涯發展，所以每個人都應該具備一人公司的這種精神。我們認為創業的風險很高，但這可能是個迷思，作者自己所認識的創業家中，基本上都是最討厭風險的人。我也非常認同這個理念，我覺得在大公司上班，短期內沒什麼風險，因為穩定，可是長期來說，他的風險卻是比較高的，反觀自己創業呢？也許短期，在一開始的時候風險是很高，但如果你操作得宜，長期來說，風險還是比較可控制的，因為至少所有的東西都是掌握在自己手上。

我自己是個創業家，所以我常鼓勵人家創業，現在我真心推薦這本書，如果你想創業的話，作者提供許多非常正確的心態。我們創業並不是要成為什麼一百大或五百大，我們其實只要養活自己，過一個更好更平衡的生活，在時間和心靈上更自由而已。

作者說他在寫這本書的時候，以為只有他自己是一人公司，後來因為要寫這本書，他去做了很多訪談，他發現非常多的人跟他一樣，所以他非常篤定「一人公司」這種精神，這是一種趨勢，一種社會運動。這本書的中文版問世，實為讀者之福。我相信會動搖整體職場文化的現況，誕生更多充滿特色的一人公司。您準備好迎接下個世代的職場生態了嗎？

于為暢
資深網路人／個人品牌事業教練

13 推薦序 「一人公司」是一種社會運動

序言

二〇一〇年二月二十八日——溫哥華冬季奧林匹克運動會的最後一天——我開著一輛廂型小貨車與我的妻子麗莎（Lisa）前往渡輪碼頭。我們剛賣掉我們的公寓，它是位在溫哥華市中心的空中小玻璃房。我們也賣掉、或捐出幾乎所有的財產，正打算搬到一處偏僻的小鎮，真的毫不誇張，就位在溫哥華島的盡頭。

我們住的新市鎮——托菲諾（Tofino）——很自豪被稱為「邊緣生活」（life on the edge）。因為它確實位在沒人知道的邊緣地方。這個島是實境節目《獨行俠》（*Alone*）的拍攝背景，節目中的演員們需要在完全孤立的環境中，想盡辦法生活與生存；節目在市鎮北邊拍攝了幾個小時，製成影片。在托菲諾生活的人不到二千人——大部分是衝浪者、老逃兵，以及在二十世紀仍然生活得很開心的各種嬉皮士[1]。

我在搬家之前、之後，甚至搬家途中，完全透過網路在工作。我擔任網頁設計師與網路商業顧問，客戶包含梅賽德斯 - 賓士（Mercedes-Benz）、微軟（Microsoft），以及瑪莉．傅萊奧（Marie Forleo）等。我的工作與生活建立在高度連結[2]的世界。但現在我把這一切轉換到一個沒有其他人從事科技業的市鎮，甚至更糟糕的是，這裡的網路非常可怕。

總而言之，對於像我這樣來自高科技世界的人來說，這次搬遷是個幅度有點大的調整。

我不顧一切要離開文明社會的主要原因是，我已經受夠了「一如往常」的城市生活，還有我的成功企業受到其他因素不斷推動而發展成更大的事業。我的妻子麗莎也厭倦她工作的日常要求。我們受夠了不斷激勵與充滿壓力的城市生活——燈光、聲音、干擾，以及不間斷的「談論聲」。為了拯救我們的心智，我們飛快的逃跑。生活在溫

1 譯註：hippie。一開始是指在一九六〇年代末期與一九七〇年代初期，反抗傳統觀念的西方國家年輕人，後來泛指反社會傳統價值，追求自我的一群人。

2 譯註：hyperconnected。是指工作與生活廣泛使用、或習慣使用多種有連接網路的電子設備。

哥華島似乎是振奮精神的完美方法。

然而，我們很快就發現生活在一座島上的樹林裡是件有趣的事——你不得不深入探究自己的想法。你能做的事情並不多，尤其是如果你沒有電視或甚至沒有網飛（Netflix）可以看的話。一開始，你會覺得探索自己的想法是世界上最可怕的事情之一（根據維吉尼亞大學社會心理學家提摩西・威爾森〔Timothy Wilson〕進行的一項研究發現，人們寧願被電擊也不願獨自思考。）但話說回來，當你跟自己的想法獨處一段時間後，你會得到一些不同角度的想法。

我們進行一個縮小公司規模的計畫，不僅僅是為了擺脫物質上的財物，也是為了實現精神上的清靜。當我們為自己創造一個最基本、沒有其他事物、同時兼顧工作的生活時，有些事開始變得顯而易見——哪些是真正的必需品，而哪些不是。我透過整理自己的想法（如果你願意的話，可以為大腦建立「清空收件匣」的功能），能夠更清楚的看待我的日常事務，因為現在讓人分心的事都消失了。直到那一刻，我才能夠清楚的說明我的工作方式。

清晰的思維突顯出近二十年來，我在無意識的情況下所做的事情（甚至在我離開父母獨自外出之前），就是建立一個很有彈性的企業，而這背後的驅動因素是希望能擁有自主權，並且希望在多數日子裡都能過得很愉快。換句話說，我因為縮減了自己生活的各個方面，所以我意識到這就是我一直成功發展事業的方式。我因為拒絕典型的事業擴張與成長手段，因此受益匪淺（嘿，我有能力搬到小島的樹林裡）。現在，我總算明白為什麼了。

我一直在建立一人公司。

簡介「一人公司」

在我創業之初，對公司的原型抱持「更多不代表更好」的念頭，常讓我感到孤單。後來在撰寫這本書的過程中，發現有一群人，跟我有非常相似的感受，而且他們的商業決策受到越來越多的研究證實運作良好。原來，有些相當成功的人、品牌，以及公司，實質上都是一人公司。

住在托菲諾，讓我有機會每天固定在早晨衝浪。有一天，我與我的會計師朋友在等浪區（在碎浪前、衝浪者等待衝浪的地方）排隊。我們坐在那裡，等待下一道好浪，他轉頭對我說：「我好興奮！我剛賺夠錢，可以用這年剩下的時間去攀岩。」當時是八月，他的話把我搞糊塗了，我錯過接下來幾波推進的浪。當他划回我還待著的排隊區時，他解釋，他算過如果要支付生活成本，還要拿一筆像樣的金額來投資，需要先賺多少。現在他已經算出能讓自己過得舒舒服服的財富是多少，覺得沒有必要累積更多的財富。

一旦他達到他所需的金額，他便不再需要累積更多的錢——所以當他達成他的「足夠」數量，就會停止工作，並用那年剩下的時間去旅行。他不想把自己的會計事業發展成更大的公司，在每座城市擁有員工和辦公室。如果這樣做，他的「足夠」數量也會跟著變多，因為要管理更多的員工與更大的企業，就沒辦法花太多時間去攀岩（或衝浪）。因此他把心思放在，讓自己的事業越來越好，而不是越來越大。我很快的意識到，我也有類似的心態：我知道想要支撐我的事業與生活需要做到哪些事，所以我能在到達「足夠」的程度時，決定放慢速度。

人們總認為，努力的工作與聰明的見解能讓事業成長。但事實正好相反——並非所有的成長都是有益的，甚至有些成長可能會讓你的彈性與自主權下降。而一人公司的作法，就像我學到的新能力，能讓我自給自足，這能力遠超出我的知識範圍，當然，為了脫穎而出、茁壯成長，大家都需要這麼做。

事實上，擁抱成長往往是更容易的途徑，因為當任何可能的問題出現時，最簡單的作法就是投入「更多」。想要更多客戶？**那就僱用更多員工**。需要更多收入？**那就花更多錢**。提供更多支援請求？**那就建立更大的支援團隊**。但擴大規模或許不是解決基本問題最佳或最明智的解決方案。如果只是透過提升效率的方法來獲得更多客戶，創造更多利潤，而不要僱用更多員工呢？如果找出減少開支的方法，來創造更多的收入或利潤呢？如果找到更好的方式，教客戶如何使用你銷售的產品，來回應更多的支援請求，讓他們不必經常提問呢？如果你不需要花更多時間來完成一個專案，而是更有效率的工作，那麼就能在工作之餘享受更多的生活呢？

從典型的經商之道來看，如果只是盲從成長，並不一定是明智的策略。本書提及的許多研究都強烈表明，盲目成長是企業經營問題的主要成因。它可能會讓你有難以供養的員工數量、難以維持的成本，以及每天更長的工作時數。它也可能讓你不得不裁員、賤賣你的公司，或甚至更慘得關門大吉。

何不讓自己的工作變得更小而美、更聰明、更有效率，也更有彈性呢？

保持小而美就不會成為其他事情的墊腳石，或面臨事業失敗的結果。相反的，可以當成是最終目標或明智的長期戰略。成為一人公司的目的是，以不同以往的方式變得更好，在成長時不需要經歷典型的挫折困頓期。你可以在不衝動與不盲目的擴大員工工資、費用，以及壓力的情況下，同時提升你的收入、享受、瘋狂粉絲數、注意力、自主權，以及經驗。一人公司的方法可以為你的公司建立利潤的緩衝區，以抵禦市場的影響，也可以建立個人的緩衝區，讓你能適應艱困的時期。

「一人公司」的方式不只適用於一人事業——它是一種模式，可以讓你運用自己的能力，變得更獨立自主、對自己的職業生涯更有責任感。雖然一人公司肯定是小型、或個人的事業，但不像大多數的小型企業，最後都以擴張或成長來達成盈利巔峰。一人公司就是質疑成長、刻意維持小規模的一種思維。

一人公司不只是成為一位自由工作者（freelancer）。雖然自由工作者是成為一人公司的完美第一步，但自由工作者還是跟一人公司有所不同，因為自由工作者是以時間換取金錢，不管他們是以小時、或是以交付的成果計酬，如果他們不工作就拿不到薪水。所有自由工作者的關係都是一對一的，這表示每當有償工作發生時，自由工作者就必須利用他們的時間做某些事情。

相比之下，一人公司更符合傳統的創業家定義。如果你是利用系統、自動化，以及流程來建立長期事業，那麼你就不是以時間換取金錢，而是在你的工作時間之外與一對一關係之外，經營事業與賺錢。舉例來說，無論你是創造實體產品、銷售軟體，或是在網路上授課，你的一人公司都可以在不需要為每筆交易投入時間的情況下，讓客戶與使用者購買並使用這些產品與服務。雖然開發產品的過程可能會很耗時，也會需要不斷的反覆改良，但對一人公司而言，客戶的數量幾乎是無限的，且利潤會在你投入的時間之外產生。正如我們會在接下來的章節中看到的，一人公司所關注的是擴大客戶、甚至利潤，但卻不需要總是以指數型成長的方式擴大員工或資源。

一人公司是一種任何人都能採用的集體思維與模式，從小型企業主到公司領導人，都能採用一人公司的思維與模式，來努力完成他們所做的事情並承擔職責，進而成為任何市場上的寶貴資產——包含精神面的實踐與商業面的應用。它是一張藍圖，目標是發展出精實、靈活的企業，在各種經濟環境中都能生存，且最後能通往更豐富也更有意義的生活——不需要剪斷電纜線、或移居到小島的森林裡。

就像麥可．波倫（Michael Pollan）的飲食觀念，可歸納成三個簡單的原則——「吃食物，別吃太多，以植物為主」——「一人公司」的模式也可以用類似的方式來制定：從小規模開始，定下成長的界線，並且持續學習。

第 1 部

開創一人公司

西恩通常在凌晨四點醒來，就到後院的小辦公室提早工作。他每天花幾個小時散步、喝咖啡、做飯，以及教導兩位小侄女，每年還跟妻子度假三個月。西恩依照自己最想過的生活來打造事業，他開設線上培訓課程，或在私人留言板上為客戶回答問題，還會定期送客戶一盒巧克力，並附上有手寫字或小插圖的紙條。

西恩很簡單就達到每年五十萬美元的利潤目標，並非透過行銷與宣傳活動，而是由密切關心他的現有客戶群來實現目標。

第1章 何謂一人公司

二〇一〇年秋天，湯姆．費許朋（Tom Fishburne）因為想畫動漫辭去他表面上很成功的工作，他本來在大型消費食品公司擔任行銷副總裁。事後結果證明，這是湯姆做出最好的職業生涯轉變——不只是情感上，令人意外的，經濟上也是。

湯姆並非只是一時衝動追隨自己的熱忱，他也沒有成為反資本主義的嬉皮士。相反的，他仔細的計畫與執行他的決定，並且盡最大努力確保自己能夠成功。

在湯姆小的時候，他就很著迷於畫動漫——因此他會拿著他醫生父親的處方箋，在背面畫手翻書。

後來，他在哈佛大學攻讀商管碩士時，他的朋友慫恿他把漫畫投給校園刊物《The Harbus》，這是他在課餘時間所做的事。不過，當他完成學業後，就在企業界找了一份工作，這似乎是獲得商管學位後，順理成章的下一步。湯姆是SITCOM（Single Income Two Children Oppressive Mortgage，一份薪水、兩個小孩、沉重的抵押貸款）人口結構的一分子，所以他認為他需要一份「穩定」的工作。然而，畫動漫仍然是他的業餘愛好，他會跟同事分享他的動漫作品，用來調侃企業行銷——正是他現在所處的行業。

當湯姆還在企業界工作時，他的漫畫被朋友分享，接著被朋友的朋友分享，然後散布到他們的圈子外，他的漫畫開始引起關注。他開始在晚上與週末時間兼職工作，為那些想付他薪水的公司畫漫畫。直到他的客戶排列成行，他也存下一些錢，確定自己有一個安全的跑道的情況下，他才離開自己在企業界的職涯，開始著手創立屬於自己的事業。

在湯姆辭職後的七年中，他當漫畫家的收入是他當高階主管收入的兩到三倍。但並不是因為他發展成一間機構，或是僱用更多的員工，或是擴張到在全球擁有衛星辦公室。他的公司 Marketoon 依然只有他與他的妻子，再加上少數只參與個別專案的自由工作者。湯姆與他的妻子在家裡工作，他們的家位在加州馬林縣（Marin County），工作地點就在他們後院的工作室裡，是個陽光充足地方，他們的兩個女兒經常在下午時光，跟他們一起坐在那裡畫動漫。

傳統商業上，成長一直被視為是成功的附加結果。但湯姆並沒有太在意事情應該如何發展。他知道商業規則——他就讀於世界頂尖學校之一，畢業後他也曾把這些知識運用在大公司的工作上。他只是沒興趣遵循那些傳統規則。

通常當一家公司發展得很好時，它會僱用更多人，建立更多的基礎設施，並在利潤不斷提高的情況下運作。其核心假設是，成長永遠是好事，成長永遠無止境，而且成長對成功來說是必要的。其他事情都會被擱置在一邊，它們不會是最優先考慮的事情。如果湯姆讓自己的公司成長，即使他有等待僱用他的客戶名單，他也不會有太多的時間能畫卡通漫畫（因為他會忙於管理其他漫畫家），而且他在後院工作室跟家人相處的時間也會少很多。對湯姆來說，這種成長不明智也不合乎邏輯，這會跟他的生活與事業價值觀相違背。

消費文化（consumer culture）也在表達同一件事——更多，始終更好。透過廣告的方式賣給我們一份商品清單，讓我們喜愛我們買的東西，直到有更新或更大的版本推出。更大的房子、更快的汽車、更多的東西進到我們的衣櫃、車庫，接著不可避免的進入我們的儲物櫃。但在促銷廣告的炒作下，這種「想要更多」的盲目迷戀，只是幸福與成就的空頭支票，似乎永遠不會實現。有時候「足夠」、或甚至少一點，就已經是我們所需要的全部了，因為「更多」往往就代表著生活與事業上也有更多的壓力、更多的問題，以及更多的責任。

我們可以很輕易的用更少的東西來經營一間企業，儘管對許多人來說這似乎違反直覺。湯姆不必擔心人力資源、辦公室租金、薪水，甚至管理員工的責任。他只在付費專案需要的情況下，才會僱用外部人員。而外部人員也有其他客戶與其他工作，當他們不為 Marketoon 工作時，他們也能自食其力。

湯姆已經能夠建立一個穩定、長期的企業，他的企業因為夠小，因此能應付任何經濟環境；因為夠有彈性，而不需過於依賴單一專案或客戶；因為擁有足夠的自主權，讓他能以工作為中心來建構自己的生活（而不是相反的情況）。他能夠讓收入增加，卻不需要隨著收入的增加，而增加更多裝備。他是一位出色的實業家，每天跟家人相處、畫動漫、陪伴女兒，為那些支付他酬勞比多數插畫家更多的跨國公司工作。

總而言之，湯姆是一人公司的完美範例。

定義一人公司

一人公司的簡單概念就是：**質疑**成長的企業。

一人公司拒絕並質疑某些傳統的成長形式，不是基於自己的原則而質疑，而是因為成長並非永遠是最有利、或經濟上最可行之舉。一人公司可以是一位小型企業主，也可以是一小群創辦人。只要是希望能擁有更多自主權與自給自足能力的員工、高層領導者、董事會成員以及企業領導人，也可以採用一人公司的原則。事實上，如果大型企業想留住頭腦最聰明的員工，它們也應該考慮採納一人公司的某些原則。

當我不採用傳統商業上解決問題的作法（僱用更多的人、投入更多資金來解決問題，或者建立複雜的基礎設施來支援額外的員工），而是自己想出解決問題的辦法時，我親眼目睹我一生中最成功的事情。基本上，我在解決問題時，對於拋出「更多」的作法不感興趣。利用「更多」來解決問題，代表著更加複雜、更多成本、更多責任，還有通常也會有更多費用。「更多」通常是最簡單的答案，但不是最聰明的答案。我發現在不成長的情況下，找出解決問題的辦法，既能帶來快樂，也能帶來經濟效益。我和許多其他人反而喜歡用當前現有的資源來處理問題。雖然這種作法可能需要更多智慧，但是透過這樣的方式解決問題可以讓企業長期穩定，因為維持它運轉所需的東西就更少。

二〇一六年十月，我寫下一篇部落格文章，說明我沒有興趣讓自己擁有或建立任何往指數型成長方向發展的公司，我覺得自己就像是綠色魚群裡的一條紅魚。後來發生一件有趣的事——文章回覆源源不絕而來。來自各式各樣令人興奮的行業的人們，包含銷售公平貿易焦糖的人、在最大的科技公司工作的人，以及製造服裝的人都發郵件給我。他們告訴我，他們也有同樣的感受——他們拒絕傳統的成長，也因此從中受益。當我開始圍繞在「保持小規模並質疑成長」的概念，發展自己的想法時，我不斷發現越來越多的研究、故事，以及其他人也這麼做的例子。我發現有一場無聲的運動，以這種方式發展企業，這場運動不是只有資金短缺的初創企業，或那些能勉強度日的人，當中還包含創造六、七位數收入的人與企業，而且在面對自己的工作時，他們比大部分商人感到更快樂。諷刺的是，這些紅色魚群正在成長。

一人公司的崛起

嚴格說來，每個人就是一人公司。

即使待在一間大公司，本質上你也是唯一關心自己最佳利益與持續就業的人。沒有人會比你自己更關心如何保住你的工作。即使你處在更大的工作架構下，你依然有責任定義自己的成功，並實現屬於自己的成功。

在大公司裡要成為一人公司可能會更難，但也並非不可能。組織內若有許多一人公司會有利於組織蓬勃發展，甚至讓組織能夠大幅度的進步。多年來這些人在各種事情上受到讚揚，像是發明便利貼、或開發索尼公司（Sony）的PlayStation。

「內部創業家」（intrapreneur）一詞，是大型組織裡一人公司的一個例子。內部創業家是指提出自己的目標並且執行這些目標的公司領導者。他們不需要太多的指導、細項管理或監督，因為他們被賦予充分的工作自主權。他們知道需要做什麼事，也會去完成那些事。他們了解公司的需求，也了解如何讓自己的才能相符，然後他們會努力去做到。

內部創業家與一人公司的不同之處在於，內部創業家通常負責產品的創造與行銷——也就是說，創造新東西背後需要有公司的資源。而組織中的一人公司不需要成為管理者或創造產品——他們只需要在沒有更多資源或團隊成員的情況下，找到合適的方法來變得更好、更高效。他們當然可以成為管理者或產品創造者，但這並不是唯一的定義。

在大公司裡發展的一人公司，過去有幫助大公司取得突破並主導市場的歷史經驗。像是戴夫・梅爾斯（Dave Myers），他在製造 Gore-Tex 布料的戈爾公司（W. L. Gore and Associates）工作時，公司賦予他「嘗試」的時間，以利在公司內部發展新想法，後來在他的嘗試之下想到一個點子，他把公司製造的一種塗料塗在吉他琴弦上，結果創造出最暢銷的木吉他琴弦品牌 Elixir（是我的吉他使用的琴弦——它們領先競爭對手一大截）。有時候一人公司也會碰巧發生，例如 3M 公司的科學家史賓塞・席佛博士（Dr. Spencer Silver），原本在為航太公司製造黏著劑，但他在玩配方時，創造出一種不會留下任何殘留物的輕型黏著劑。這種輕型黏著劑不適用於飛機，但對紙製品來說卻很完美，於是便利貼就此誕生了。

有些大公司會給員工「私人時間」，讓他們在平常的工作角色外去嘗試各種想法，像是Google。Facebook則採用「黑客松」（hackathon）方式，也就是把電腦程式設計師聚集在一起，通常持續幾天，讓他們在相對較短的時間內進行大型合作。正是黑客松讓Facebook創造出「讚」按鈕，這個創造可以說是將生態系統連接至其他網路的關鍵。

在最近一項研究中，達特茅斯學院的維傑・高文達拉簡（Vijay Govindarajan）教授發現，在每五千名員工當中，至少有二五〇名員工會是真正的創新者，而二十五名會是創新者兼偉大的內部創業家（或一人公司）。

在很多大公司當中，都會有許多一人公司隱藏在其中。如果培養這些員工創新與自主的能力和熱情，對整個企業會有很大的益處。但如果他們的創造力與自由思想被扼殺了，他們往往會迅速轉換到其他工作，或發揮企業家精神（entrepreneurialism）。他們的動機很少是出自金錢或薪水，他們更傾向於以最適合自己的方式重塑自己的工作與角色。

如果你是一人公司，你的思維是圍繞著**你的**生活來建立你的事業。對我來說，成為一人公司表示不必為了無限的成長而煩惱，因為這從來都不是我工作的目標。相反的，我只不過是專注於用有效的方式盡力完成工作，這也代表能做更少的事情。我可以用適合自己精神狀況的節奏完成工作，而不是用支付昂貴的開銷、費用、或薪水的方式來完成工作。雖然我很享受增加自己的財富，但我也了解如果我不關心自己和健康，我終會面臨報酬遞減的衰退點（point of diminishing returns）。

這個社會已經把「成功企業應該是什麼樣子」的特定想法，深植在我們的心中。你會盡可能花很多時間工作，而且當你的企業開始做得很好的時候，你會在各方面把一切都擴大規模。直到今天，這種策略依然被視為是企業取得成功所需的策略——在解決辦法中加入「更多」來解決問題。在這種思路下，任何保持小規模的人都會被認為還做得不夠好，因為沒有把「更多」加進來。但如果我們對這種商業思維模式提出挑戰呢？如果一間公司保持小規模也能解決問題，而不需加入「更多」來解決問題呢？

企業可能面臨任何問題，而成長並不是解決這些問題的最佳辦法，尤其是盲目成長。更進一步說，為了企業的長久經營而選擇讓企業成長，實際上這可能是你做出的最糟糕的決定。

因此一人公司不是反成長或反收入，也不只是一個人的企業（雖然他確實可以是）。雖然靠著技術、自動化，以及網路的連結肯定能更容易成為一人公司，但它也不只是以技術為中心、或是擁有創業思維的工作。一人公司會先質疑成長，接著如果有更好、更聰明的前進方向，便會拒絕成長。

接下來，讓我們看看所有一人公司的四個典型特徵：彈性、自主、快速以及簡單。

彈性

丹妮兒．拉波特（Danielle LaPorte）是一位暢銷作家，也是一位獨自奮鬥的企業家，她每月傳遞的目標設定與創業家精神訊息觸及數百萬人，同時她也是歐普拉（沒錯，就是那位歐普拉〔Oprah〕）「百大超級靈魂」（Super Soul 100）領袖之一。但在她創業之初，曾被自己聘請不到幾個月的執行長解僱。

一開始，她認為自己的企業需要指數型成長（詳細內容參考第二章），因此她從私人投資者身上獲得四十萬美元的資金，條件是她必須聘請一位「天才執行長」來經營公司。於是她成立公司後聘請一位被視為超級巨星的人。

但六個月後，投資者與執行長希望改變企業模式，丹妮兒只需要每個月發表幾篇部落格文章，這表示她被降職了，同時她的薪水也被大幅降低了。[3]

後來，丹妮兒透過瑜伽、淚水，以及好朋友來療傷，當從這些事情帶來的巨大衝擊復原後，她捲土重來。她帶著擁有關鍵人才的新團隊，在幾週內創立一個網站，成立一個她能完全控制的新企業，並想出開始賺錢的最快方法。她開始提供顧問服務，這項服務大受歡迎，以至於她需要建立等候名單，之後她也寫了一本暢銷書。

在她的新網站取得所有成功時，她意識到使用他人錢財的附加條件，往往是別人對你的企業與生活的意見。在艱困時期，她能夠找到成為一人公司的路。這是因為身為或成為一人公司與彈性有很大的關係：從困難中迅速恢復的能力與韌性——像是不斷變化的就業市場，或者被解雇。就像一間大公司關注的焦點轉變了，或者需要適應新的顛覆性科技——或甚至避免被機器人取代（別誤會，這本書沒有轉向科幻題材……

3 這間公司以她的名字命名，是以她獨特的個性與風格為基礎的個性導向品牌。

只是多花一秒鐘在這議題上。)

自一九九七年以來，適應學習系統公司(Adaptiv Learning Systems)的執行長迪恩・貝克(Dean Becker)一直以彈性的理念為研究主題，並開發相關課程。他的公司發現，一個人所展現的彈性程度，遠比他們的教育、培訓、或經驗程度，更能決定他們在事業上的成就。與普遍的看法相反，彈性並不是少數人與生俱來的能力，它絕對是可以靠學習培養出來的能力。有彈性的人具備三種(絕對可以學會的)特徵。

首先，有彈性的人具備的第一個特點是**接受現實**。他們不要求事情以一定的方式進行，也不會投入不實際的幻想。他們不會幻想「只要改變這種狀況我就能成功」，而是抱持腳踏實地的觀點，了解在我們生活中發生的大部分事情，不會完全在控制範圍之內。我們能做的最好的事情，就是在我們順著生命之河漂流時，稍加掌舵這艘船。舉例來說，我今天不會因為我的鄰居正在使用吵人的電鋸，而停止寫作；我只要關起我的窗戶，撥放一些電子音樂，就能重新開始工作。丹妮兒・拉波特被解雇後沒有認輸，她停頓了一點時間，重整旗鼓，然後重新開始。

有時候用一點黑色幽默通常更容易讓人接受現實。我的妻子是一名消防隊員與現場急救員，她常跟她的部門同事開玩笑，因為他們經常會接觸到某些人一生中最糟糕的一天——房屋被燒毀，心臟病發作，甚至是電鋸意外事故。這些幽默是她的消防隊長積極鼓勵的一種應對方式，並非是要無視糟糕的局面，而是要為糟糕的局面增添一些光明。他們的幽默感跟拯救生命與滅火的能力一樣重要。無論對局外人來說，聽起來可能多麼愚蠢而無同情心，但黑色幽默能幫助現場急救員與消防隊員接受現實，讓他們在做自己的基本工作時保有彈性。

其次，有彈性的人具備的第二個特點是**目標**——出於「意義」，而不是單純出於金錢動機。雖然目標與金錢並不衝突，但當你身處可怕或有壓力的情況下，只要你知道自己是朝著越來越好的方向努力時，你就能更具備適應力。對個人與整個公司而言，這種目標感來自不可改變與核心的價值觀。一人公司知道他們可以享受自己的工作，但不會是各方面的享受。所以，即使工作有時也是有壓力的，只要跟整體、或更好的最終結果有關，那麼艱苦的工作終將值得。舉例來說，你可能會在推出新產品或爭取新客戶的那天覺得壓力很大，但如果產品或客戶符合你的公司目標，那麼一時的焦慮是值得的，因為並不是每天都有那麼大的壓力。

在一人公司裡，有彈性的人具備的最後一個特點是，事情發生變化時具備**適應能力**——因為他們總是如此。根據瑞爾森大學的資料顯示，在加拿大有42％的工作因為自動化的進步而受到威脅，另外根據二〇一六年白宮經濟顧問委員會（White House's Council of Economic Advisers）的資料顯示，在未來十年至二十年，美國62％的工作有危險。雖然我們可以拿「歡迎我們的機器人霸主」這句話來開玩笑（這是一九七七年改編自H．G．威爾斯〔H. G. Wells〕短篇小說《螞蟻帝國》〔*Empire of the Ants*〕的電影經典台詞），但威脅卻真實存在。麥當勞（McDonald）的機器人可以在十秒內迅速翻動漢堡，且幾年內就能取代整個團隊。特斯拉（Tesla）與其他公司正在研發自動駕駛的大貨車，目的是在長程貨運上取代貨車司機。甚至高技術的工作也面臨風險：舉例來說，IBM的華生（Watson）可以透過吸收醫學研究與疾病資料，為特定輕微疾病提供可行的治療方法。

不過，難以自動化之處正好能造就偉大的一人公司：有能力創造新穎、獨特的方式解決問題，而不是只會用「更多」來解決問題。有感於扮演「做事」角色的工作者會被機器人取代，或甚至被其他工作者取代，因此解決難題的創造性角色，更需依賴無可取代的人。就算所謂的機器人霸主崛起，一人公司的優勢仍然存在。

當一人公司看到如同前述的未來轉變，可以做出戰略轉向[4]。舉例來說，室內設計師可以花更少的時間來測量與訂購供應品，然後花更多時間根據個別客戶的需求，創造更多創新的設計概念。或者財務顧問可以花更少的時間來分析客戶的財務狀況，然後花更多的時間了解客戶的特殊需求，並教他們如何適當的管理自己的錢財。

這些行業的瓦解或市場的變動並不是杞人憂天的設想——它們實際上不過是重新定義工作與適應變化的機會。當我還專職做網頁設計時，每當經濟泡沫破裂或經濟衰退，我發現自己都能處於很好的狀態，找到更多的工作，因為我能做到那些大型公司能提供的工作品質，但價格卻少一個零。而且我不只能賺得比在公司領薪還更多，我還能充分善用我賺來的錢，因為我只有使用一台電腦，且工作地點在租來的公寓的次臥室，所以我幾乎沒有其他開銷。之後當景氣回升時，大型公司因為忙得不可開交把

4　譯註：pivot 原意為轉軸，這裡是指公司根據產品或服務與市場互動的實際狀況，找出新的方向，並重新調整策略。

工作外包，我也能獲得工作。因此無論哪種方式，我都有大公司無法複製的收入模式，除非它們能馬上大幅縮減規模。

當市場發生變化或出現困難時，隨機應變能力可以讓你利用手上的資源去做事，不需要在各種可能情況下投入「更多」——像是更多的員工、更多的費用或更多的基礎設施。

這些彈性的特徵絕對是可以學習的，它們不是與生俱來的。事實上，如果你要創造一人公司就必須學習，然後培養這樣的能力。

自主權與掌控權

一人公司越來越受歡迎，因為人們希望生活中能擁有更多的掌控權與自主權，特別是在自己的職業生涯方面。這就是許多人選擇這條路的原因：成為一人公司，掌握自己的生活與工作。

身為一人公司若想實現自主權，你就必須先成為自己核心技能組合（skill set）的主人。能力與自主權是一體的，因為當情況相反——你擁有十足的掌控權，但你不知道自己在做什麼——就會導致災難。例如湯姆，他透過哈佛的商管碩士教育與後來的企業行銷工作，掌握了行銷知識，同時他也擁有從小培養且每週練習的繪畫天賦，你也必須擁有一套技能組合。擁有一套完善的技能組合，你就會知道哪些領域能受益於成長，而哪些潛在之處的成長是沒有意義的。

基本上，在你希望用一套技能組合來實現自主權之前，你必須要先擅長你的這套技能組合。

正常情況下，你不可能不在職業生涯的初期投入一些時間，從事一份自主權、控制權，以及彈性都較低的工作，就能擁有精通某些事的能力，因為你會被某些任性的高層所管理。一人公司知道如何為了更大的利益而違反標準規則。不過這麼做會有點麻煩，因為你必須先學會規則。一開始，在成為一人公司之前要先採用海綿思維——基本上，你必須盡力學習與你的職業、行業，以及客戶相關的一切，並努力收集行業中的寶貴技能。

有些公司很善於為最好的員工創造自主權，它們通常會授權給最好的員工，讓員工變得像一人公司一樣：這些員工做事更快、更聰明，而且使用的資源更少。例如，

Google給它們的工程師「20%時間」——他們可以用自己20%的工作時間，從事任何他們想做的項目。在Google發布的產品與項目中，有一半以上是在這「20%時間」當中被創造出來的。

其他一些公司則會建立「只看結果的工作環境」（Results-Only Work Environments，簡稱ROWE），它們的員工沒有固定時間表，所有會議都是可任選的，完全由員工決定如何分配工作時間。員工可以選擇在家工作，如果適合的話他們也可以從凌晨兩點工作到早上六點，而且只要結果對整個公司是有利的，他們也能以想要的方式打造自己的工作。卡莉・雷斯勒（Cali Ressler）與裘蒂・辛普森（Jody Thompson）定義並研究ROWE的落實超過十年，他們發現在這種有自主權的環境中，生產力會上升、員工滿意度會上升，且人員變動率也會下降。

對企業家或為自己工作的人來說，想實現自主權似乎更容易，但可能會有幾個陷阱。通常當你開始為自己工作時，你可能會面臨一種情況，你只是把事必躬親的老闆，換成事必躬親的客戶罷了，這麼一來，為自己工作看似是為了實現自主權，但實際上一開始還是無法擁有自主權。因此，尋找更好的客戶與更好的專案的解決辦法，跟你的技能與經驗有很大關係，就像我在本節開頭提到的那樣。當你剛開始工作，技能還沒那麼成熟時，你還無法領導專案，或對自己的工作類型過於挑剔。但是隨著你的專業知識增加，人際關係發展，你就能獲得更好的客戶——他們會更仔細的傾聽你打算如何進行他們付費要你做的事。對於你想接的客戶與專案類型，就更有選擇的餘地。

數位策略師（digital strategist）凱特琳．莫德（Kaitlin Maud）目前是自由工作者，她曾在一家機構投入五年的時間，發展自己的技能。她花這段時間來學習自己行業的祕訣，並且建立穩固的人脈，積極跟他們保持聯繫。她跟卡通漫畫家湯姆一樣，一直等到從事自由工作的專案夠多，足以帶來相對穩定的副業收入，她才獨自出來冒險。

凱特琳認為自主權對每個人的意義都不一樣。自主權對她來說，就是她自己創造的一種工作方式，她會在自己迅速完成工作時獎勵自己。在一般公司中，無論你的工作速度有多快，你每天依然需要花固定的時數坐在辦公室裡，換句話說，生產力與效率是沒有獎勵的。凱特琳還發現，她在上午九點到下午一點的時段能更專注的完成工作，所以她不會在那段時間安排會議或通話。

根據自由工作者接案平台 Upwork 公司的一項研究，自由工作者現在占美國工作的三分之一以上。跟凱特琳一樣，越來越多人**選擇**當自由工作者——也就是說，他們不是因為工作消失，而把自由工作者當作後備計畫。大約有一半的年輕人選擇當自由工作者，他們之所以選擇當自由工作者，是因為他們希望能在自己職業道路上擁有更多的掌控權。現在的社會逐漸開始把「工作」視為一系列的任務或專案，而不是單一的就業場所。千禧世代更認為在辦公室從事公司工作的傳統期望，並不是他們努力追求的事，反而更像一部諷刺的辦公室情境喜劇。

因為有了穩定的兼職專案客戶與大量的人脈，凱特琳離開公司的工作，開始成為專職的自由工作者。在她工作之初，她先努力提升自己的技能，接著才專注於獲得更多自主權。自從她自立門戶之後，她有穩定的案源等候名單，因此經常不得不拒絕一些跟她價值觀相符的專案，並與一些大公司合作，像是Beats by Dre、Taco Bell、Adobe，以及Toms等公司。因為她投入時間讓自己更擅長工作技能，現在她的工作圍繞著她的生活。她可以完全專注於自己喜歡的工作類型，可以在網路上以創造性解決方案來解決問題——基本上，凱特琳是網路上的奧利維亞・波普（Olivia Pope，美劇《醜聞風暴》〔*Scandal*〕中的名人）。她能解決別人無法解決的問題——她已經走上自己的道路，建立屬於她的一人公司。

一位來自加拿大的夥伴索爾．奧威爾（Sol Orwell），他拒絕創投公司投資他非常賺錢的 Examine.com 公司，因為他認為把控制權讓給創投家沒有好處。他不需要現金——他的公司每年賺七位數。他也不想快速出局或賣掉公司——他很喜歡他的工作。索爾跟大部分的企業主一樣，除了付費的客戶，他不必對任何人負責。他希望保有自己工作的所有權與自由，他不想讓自己的每一天、每一分鐘都被工作填滿。成功對他來說就是過很好的生活，不能犧牲他午休去遛狗的時間，也不能犧牲他在星期三下午參加一小時舞蹈課的時間。

然而，要謹記在心：若要取得一人公司的掌控權，你不只需要善用你的核心技能，還需要有業務、行銷、專案管理，以及客戶維繫的能力。雖然大部分一般公司的員工可能過於專注在單一技能，但即使在大企業裡，一人公司也需要成為擅長某些事的通才——經常都一心多用。

快速

在限制條件下，一人公司能運作到最好——因為受限制的環境正好能夠培養創造力與獨創力。像是 Basecamp 公司，它們在夏季時每週只工作四天（週五不工作），因為這樣做有助於員工安排工作的優先順序，哪些是重要的工作？哪些是可以放掉的事情？它們員工的關鍵是要想辦法利用擁有的時間，以更聰明的工作方式完成任務，而不是單純更努力的工作。為了提高效率，也為了用相同的員工數、用更少的工作時數來實現更多目標，一人公司會對自己的系統、流程，以及結構提出質疑。

在 Basecamp 公司的內部網站上，設有一個「週末打卡」處讓員工發布照片，分享他們在三天休假中做了什麼事。這個作法能幫助這間以遠端連接為主的公司，跟分布在世界各地的員工建立連結。

快速不只是瘋狂的更快速工作，而是要想出新的、有效的方法，以最佳方式完成任務。這就是 ROWE 工作法的概念：員工不需要花固定的時間工作，只要能更快速完成任務就能獲得獎勵。當你用更聰明的方法為自己工作，而讓自己更快完成更多工作時，你就能建立更靈活的時間表，讓工作更加融入生活當中。

凱特琳以前在公司的開放式辦公室環境中，要花上幾天才能完成任務，現在只需要花幾小時就能完成，因為她已經了解如何做才能讓她的生產力最大化。這讓她在工作日能有空閒，當她生產力不高的時候，她會去健身房、或陪伴剛出生的女兒。她當自由工作者時，能用四小時就完成在公司時需要八小時才完成的工作，因此她可以為自己騰出半天的時間。她仍然很努力的工作，有時在接近專案截止日期時，也會花更長的時間工作，但她很享受這樣的現實情況，也就是行程表上大部分的時間都屬於自己的。

在一人公司中快速的另一個觀點是，當客戶群或市場發生變化時，擁有快速做出戰略轉向的能力。一人公司發現獨立的工作者或小公司更容易做到，因為要削減的基礎設施更少。

因此，快速工作對一人公司的好處，不只是因為它們能在需要的時候做出戰略轉向，更因為它們有較小的公司規模，反而規模太大往往會對企業形成阻礙。史都華・巴特菲爾德（Stewart Butterfield）一開始著力於發展線上遊戲，如《無盡遊戲》（Game Neverending）與《Glitch》。但是這兩款遊戲沒有足夠的受眾喜愛，因此不賺錢。不過兩次史都華都能讓他（當時）的小團隊做出戰略轉向，從遊戲中汲取關鍵功能，把這些關鍵功能衍生成它們的產品——照片分享網站 Flickr，以及目前價值超過十億美元的內部聊天系統 Slack。面對時間與金錢不多的限制，史都華的團隊成功把注意力集中在單一功能，並將它推到市場上。因為史都華讓公司保持小規模，並且關心哪些事有用、哪些無用，才能夠迅速改變產品，最終獲得很好的成就。

當我詢問丹妮兒・拉波特是否會為了新商業想法，再次接受他人提供的資金，她說不會。她了解到不接受外部資助才能讓她行動得更快速。她表示她反而會迅速發布能反覆為公司賺進資金的第一版新產品，並且盡可能降低成本與支出，以求儘快實現利潤。當一間公司的員工越少，涉及的外部資金也越少，公司就能越快行動，無論是前進，或是朝新的、更有希望的方向移動。

簡單

要說明簡單的力量，最好的例子就是兩間相互競爭的社交書籤服務公司，分別是 Pinboard 與 Delicious。Delicious 一開始就成長得很快、功能很多，它的創辦人約書亞・

沙克特（Joshua Schachter）很早就進行投資，並將 Delicious 發展成一間擁有約五三〇萬用戶的公司。後來，公司以一千五百萬至三千萬美元的價格出售給雅虎（Yahoo）。但是因為無法盈利，雅虎又把它賣給 Avos Systems，Avos Systems 接手後把 Delicious 用戶喜愛的熱門支援論壇移除了。幾年後，因為用戶不斷流失、改用其他服務，Avos Systems 又把 Delicious 賣給了 Science, Inc.。

在 Delicious 迅速易手的同時，網頁開發人員馬齊・賽格洛斯基（Maciej Ceglowski）開始開發 Pinboard。他提供用戶簡單的服務，每年收費三美元，後來收費增加到每年十一美元。從一開始 Pinboard 就是一間一人經營的公司，它的功能有限，也沒有投資者。剛開始的幾個月，賽格洛斯基把它當成副業在經營，直到它能創造足夠的收入，他才轉行並專職在 Pinboard 工作。

二〇一七年六月一日，Pinboard 以三萬五千美元的價格收購 Delicious，然後迅速關閉 Delicious 新用戶申請的服務，提供現有用戶將帳戶移到 Pinboard 的選擇。

數百萬美元被投入 Delicious，而這間公司在產品與內部結構迅速成長且變得更複雜後，最終被一人公司以極低的價格買下。反觀 Pinboard 則是一直保持著簡單的策略，去比一場漫長的比賽，最後也獲得勝利。

通常當公司獲得成功或吹捧時，它們會透過接受更多複雜事物來成長。這些複雜的事物往往背離企業的初衷或核心焦點，會導致成本變更多，也導致投入的時間與金錢更多。

對任何規模的一人公司來說，通常只需要簡單的規則、簡單的流程，以及簡單的解決方案就能取勝。複雜性往往出於善意，尤其在大公司，但隨著一項複雜的流程被加到其他複雜的流程與系統中，想要完成任何任務，都會需要依靠更多的工作流程才能完成，會變得沒辦法很順利就完成任務。它可能會變成滑坡現象（slippery slope）：只在流程中增加一個步驟，而且步驟不會太複雜，但經過幾年之後，流程中的這裡被加了一點步驟，那裡也被加了一點步驟，使得原本只有少數步驟的任務，現在變成是一個需要六個部門負責人簽字、需要進行法律審查、也需要跟利害關係人（stakeholders）進行十幾次或多次會議才能完成的任務。

相比之下，一人公司的成長意味著簡化規則與流程，如此一來任務可以更快的完成，就能空出時間來承接更多工作或客戶。有了這個目標，一人公司經常對它們所做的事提出疑問。**這個過程夠有效率嗎？若最後能得到相同的、或更好的結果，哪些步驟可以省去呢？這條規則可以幫助我們的企業，還是會阻礙我們的企業發展呢？**

若一人公司想要成功，就不能只把簡化當成理想的目標策略，簡化絕對必要的條件。產品或服務太多、管理層次太多、或是完成任務的規則與流程太多，都會導致退化的結果。必須將「簡單」視為任務。

當麥克・查菲洛夫斯基（Mike Zafirovski）成為北電（Nortel）的執行長時，他在整間公司發布一項明確的任務「業務單純化」。實施範圍包含降低成本、加快產品開發、讓客戶更容易獲得最新技術，他把「單純化」的理念融入到它們大公司的各方面。

通常複雜性可能一開始就漸漸出現——當你還在考慮創立新企業時。你會開始假設你的企業需要一些「必需品」，像是辦公室、網站、名片、電腦、傳真機（開玩笑的），以及定製的軟體方案。實際上，通常只要找到一位付費客戶，然後開始服務這位付費客戶，就能開始創業——尤其是自由工作者或初創型企業。然後一次又一次重複這個作法。而且，只在真的需要的時候，才增加新設備或流程。

如果你有一個創業想法，但需要大量資金、時間、或資源，那麼你很可能想得太大了。你可以把想法縮小到基本問題上——現在就做、以更低的成本做，並且儘快去做——然後反覆改進。在沒有自動化、基礎設備、或開銷的情況下開始。從服務一位客戶開始，接著再服務另一位客戶。這樣做能讓你專注於以現有的東西，馬上為客戶提供服務。當你沒辦法再透過讓客戶感到驚訝與愉快的方式，跟客戶進行個性化互動時，可以考慮建立銷售漏斗[5]與自動化。

我們已經愛上新技術、新軟體，以及新設備，經常有大公司、甚至個人公司試圖將這些東西結合到現有的組織裡，為了努力「保持不衰」。這裡的問題是把「簡單」誤以為是「容易」。通常我們試著變得更簡單，結果卻變得更複雜。我們加入更多的工具、更多的軟體，以及更多的設備讓事情變得更容易，卻沒有測試或質疑它們在日常使用中的容易程度是如何。

舉例來說，即使是最新又最強大的人力資源軟體，可能也不需要數百個螢幕與下拉式選單。如果一間公司銷售數千種產品，但它們大部分的銷售只來自其中5％的產品，它們或許該刪減大部分產品。如果公司只須採取三項計畫就夠了，它們或許就不需要十三項全面性的公司計畫。

盡可能從簡單開始，並且永遠對增加新的複雜階層抱持強烈的疑問。把自己當成一人公司去經營，發揮你最大的能力去解決現有的問題，並且在新問題出現時做出調整。誰也不敢說，最後或許你能收購大型競爭對手，因為它跟不上你的極致簡單原則。

開始思考

- 成長是否真的對你的企業有益？
- 你如何解決企業問題，但不要只是以投入「更多」的方式來解決？
- 你的想法是否真的需要資金或創投，或者只不過是你想得太大而無法開始？

5 譯註：銷售漏斗（sales funnel）是指公司在購買產品時引導客戶的購買流程。每個銷售都是從大量潛在客戶開始，一直到最終只有少量實際購買的人。銷售漏斗通常分為幾個步驟，實際步驟因公司而異。

第2章 以保持小規模為最終目標

西恩．杜索達（Sean D'Souza）不想讓他的公司成長。他堅持每年五十萬美元的利潤是他想賺的總量，而他的企業不該賺超過這個利潤。因此 Psychotactics——他的顧問服務公司，教其他企業為什麼客戶購買（或不購買）的心理學——透過它的網站與當面培訓講習賺錢。

西恩認為身為企業主，他的工作不是無止境的提升利潤或甚至打敗競爭對手，而是應該創造更優質的產品與服務，讓客戶從他們的生活與工作中受益。他發現「落實」是留住客戶並說服他們繼續消費的關鍵——也就是說，如果客戶使用他所做的東西，發現自己的事業更成功，就會持續向他購買更多產品或服務。

西恩只對達成他的目標有興趣。這個目標有違我們所學的商業與成功的直覺。我們的社會認為，企業應該把目標放在不斷成長的利潤上，隨著利潤的成長，其他所有事也應該如此——更多的員工、更多的費用、更多的成長。但跟許多其他人一樣，西恩認為事實正好相反——成功是個人化的定義，雖然利潤與可持續性對企業來說非常重要，但它們並不是企業成功的唯一驅動力、指標或因素。

西恩的目標是「實現目標利潤，而且不多賺」，而他之所以會有這樣的目標，是因為他想依照自己想過的最佳生活來打造他的事業——每年跟妻子度假三個月，每天花幾個小時散步、做飯，以及教導兩位小侄女。

西恩通常在凌晨四點醒來——不需要鬧鐘，在後院的小辦公室裡提早工作。因為提早開始工作，可以讓他在周遭環境變吵之前，錄製他的播客（podcast）音檔。長時間的散步與充足的咖啡休息時間，填滿這田園般的生活。他的日常工作主要是在他網站的私人留言板上為客戶回答問題。

西恩很簡單就達到他每年五十萬美元的利潤目標，不是透過行銷與推銷方式，而是透過密切關心他現有的客戶群來達成他的目標。他的受眾成長得相當緩慢但卻持續不斷，因為這些受眾會跟他們自己的支持者與熟人分享西恩的作品——他現有的客戶很樂意成為他（無償）的銷售團隊。

企業常常忘記它們當前的支持者——那些已經在傾聽、購買，以及參與的人。這些人應該是你企業最重要的人——遠比你希望能接觸的任何人重要。無論你的觀眾是十個人、一百個人或甚至一千個人，如果你沒有好好對待他們，那麼無論你現在在成長或行銷方面做任何事情，都不會帶來任何改變。請一定要傾聽些已經關注你的人，與他們溝通，並且幫助他們。

西恩看到在網路教育界，很多人把時間完全投注在行銷上，但他的重點是讓自己的產品可以為現有的受眾提供更好的服務。他致力於為現有客戶獲得更多、更好的結果，因此現有的客戶會持續消費，包含既有的產品與他發表的新產品。西恩把他的企業比喻成一種「加州旅館」（Hotel California）——「你隨時可以入住，但你永遠沒辦法離開」。只是他的版本少了令人毛骨悚然的迷幻音樂，也沒有冰涼的粉紅香檳；它的特色是巧克力。

西恩維繫客戶的部分策略包含送客戶一盒巧克力，再附上手寫的紙條，或有時附上他自己畫的小卡通圖。雖然這個包裹大約花他二十美元，其中包含從紐西蘭（他目前居住的地方）運輸的費用，但這個舉動成為他的客戶會談論的話題。他的客戶會向他購買一個二千美元的培訓課程，然後談論巧克力。當他在社交場合進行演講時，人們也會聊到巧克力。西恩的客戶喜歡這些接觸，也喜歡他的公司對他們的關心，因為他的一人公司只專注於為現有客戶服務，而不是追求無止境的成長。

西恩有一位朋友在某年賺了很多錢，他們在某次會議上開香檳酒（可能是冰涼的粉紅香檳）慶祝，並信誓旦旦的說要在第二年讓利潤增加一倍。不過，西恩卻非常肯定，他的最終目標是讓他的企業維持小規模。他質疑盲目成長的想法，因為他不需要這麼做。如果他像他的朋友一樣，想讓利潤加倍，那麼究竟要多做多少工作呢？額外的工作會對他的家庭、或生活產生什麼影響呢？西恩不想引來那些複雜的問題、額外的壓力，以及額外的責任。他更希望過一個不被工作占據各方面、占據時間的好生活。所以對西恩而言，成功意味著保持小規模。

西恩的 Psychotactics 公司是個很好的例子，說明一人公司找出自己的最佳規模，然後維持在最佳規模的作法。他的長期戰略是刻意讓自己的企業維持小規模，這對於最適化他的利潤與生活方式是有意義的。由於 Psychotactics 維持在目前的規模，他因此能夠更了解客戶，也能提供客戶更好的幫助，而相對的客戶每年會熱衷於花費數千美元在他的培訓產品上——只要西恩也送他們價值二十美元的巧克力。

跟西恩一樣，塞氏企業的執行長李卡多．塞姆勒，也為他所擁有與投資的企業找到合適的有機規模[6]。而這對他來說也是有效的作法，因為他已經讓塞氏企業成長為價值超過一．六億美元的企業。他認為企業應該更專注於變得**更好**，而不是只想著變得**更大**。他的作法是質疑「成長永遠是好事、永遠無止境」。李卡多一直致力於為每一間他所管理的公司確立規模，讓它們都能擁有全球性競爭優勢，並且在到達規模後不再成長，好讓注意力從「變得更大」轉移成「變得更好」。

當前的商業模式教導我們，如果想賺很多錢、或得到長期的成就，我們就要擴大業務規模——彷彿大型企業不容易倒、或不會不賺錢（顯然不是事實）。事實上如果根據這個觀點，我們幻想中的企業甚至還沒起步，我們就必須把成長當成唯一目標，並以這個目標來創造想像中的企業——而且最後可能為了豐厚的利潤賣掉它。然而這種模式並非真理，也經不起批判性科學研究的考驗。

根據創業基因計畫（Startup Genome Project）做的一項研究發現，在這項研究中分析的三千二百多間高成長的初創科技業當中，有74％的企業失敗了，但不是因為太競爭、或商業計畫太差，而是因為規模成長得太快。將「成長」視為首要重點，不僅是糟糕的商業策略，也是徹底有害的策略。在失敗過程中——正如研究所定義——這些高成長的初創企業大規模裁員，徹底倒閉，或者廉價出售自己的企業。無論它們的商業想法多符合潮流，把利潤成長當成策略就是它們失敗的原因。

考夫曼基金會（Kauffman Foundation）與《企業》（*Inc.*）雜誌做的一項研究，也證實創業基因計畫的研究結果，它們用五年到八年追蹤五千間快速成長的公司，發現超過三分之二的公司倒閉，經歷大規模裁員，或以低於本身市場價值的價格出售。這些公司之所以無法維持，是因為它們把支出與成長，建立在它們認為自己可以達成的收入水準上——或者根據創投注入的資金來發展，而不是根據真實的收入水準。

創投可以是提供公司資金以幫助它成功的快速方法，但創投不是必要條件，肯定

---

6 譯註：有機成長之下達到的規模。有機成長是指企業在沒有收購其他公司的情況下，當企業成功時自然發生的成長。

也會帶來某些隱藏的危險。考夫曼基金會的研究也發現，將近有86%長期成功的公司，沒有接受創投的資金。為什麼？因為一間公司的利益，不可能永遠跟它的投資者的利益一致。更糟的是，投資者的利益可能不會始終跟企業最終客戶的利益保持一致。資金注入也會讓企業的掌控權、彈性、速度，以及簡單性降低——而這是一人公司需要具備的主要特徵。

Y Combinator（美國最大、最著名的創投公司之一，主要投資初創公司）的共同創辦人保羅．葛拉漢（Paul Graham）表示，創投公司不會因為初創公司可能有需求，就投資它們數百萬美元；相反的，創投公司會因為投資這些公司能為它們的投資組合帶來成長，才進行投資，而通常真正能為它們帶來正報酬的只有少數公司。葛拉漢特別指出，突如其來的大規模投資，往往會把公司變成「坐在一起開會的員工部隊」。

如同連續創業家薩利姆．伊斯梅爾（Salim Ismail）所說，初創公司天生就非常脆弱。它們被設計成臨時組織，因為可能在極度不確定的條件下發展成大公司。它們在預期收入能追上支出的情況下，投入金錢與資源。但通常它們預期的情況都沒有發生，因此很多初創公司會失敗雖然一人公司的例子中很多公司都被視為初創公司，但一人公司不一定是傳統認為的初創公司。許多初創公司著重於成長、收購、員工數、奢華的辦公室（開放式概念的樓層設計，加上桌上足球台），以及不惜代價追求巨額利潤，而且它們往往依靠投資者獲得初始現金。一人公司則是專注於穩定性、簡單性、獨立性，以及長期的彈性，它們從小規模做起，並努力賺取利潤，不需要依靠外部投資。一人公司專注於此時此刻能做什麼，而不是有了投資才能做什麼，它們也可以在沒有資本投入的情況下開始。

不過，也不是所有初創公司都能被混為一談——有些企業正在挑戰盲目的創業成長的迷思。例如Buffer，它是一間擁有三百多萬用戶的社群媒體排程管理平台，擁有七十二名員工，除非有必要增加員工，否則公司不希望快速提高員工數量。Buffer並不是一直抱持著挑戰成長的思維模式——幾年前該公司陷入招聘熱潮，因為它想進行一輪大規模融資。大量招聘這個想法的目的是，做更多事來獲得更多市場份額，並實現投資者希望看到的新制定的營收目標。但Buffer僱用太多人了，已經超出它的收入能支付的程度。

後來發生了兩個變化：第一，Buffer意識到即使獲得資金，公司仍需進行裁員，需裁掉工作團隊的11%。很顯然，根據收入目標（而不是實際與當前利潤）僱用員工，支付薪水，不是一個合理的假設。第二，它們發現領導團隊對公司成功的定義存在分歧。執行長希望有一個更注重利潤、更全面、緩慢成長的計畫，並認為只有在資金到位的情況下，才適合僱用更多員工，而不是以預期能實現的情況來考量問題。相比之下，Buffer的營運長與技術長更希望以高風險、高成長的方式發展公司——也就是典型的創業遊戲。最後營運長與技術長離開公司，其他員工沒有離開或被解僱，他們留下來參與執行長的願景，即以利潤為基礎，實現緩慢的成長。

當企業需要藉由無止境的成長來實現利潤時，可能會很難跟上越來越高的目標。但如果企業以目前規模來實現不錯的利潤，那麼成長可以是一種選擇，也就是說，不應該把成長視為成功的必要條件，但如果成長對成功來說是有意義的事，那麼你可以選擇成長。

對一人公司而言，你永遠要問的問題是，**我能做些什麼讓我的企業變得更好？而不是我能做些什麼來成長我的企業？**

把過度成長視為最終目標的不利影響

通常在追求成長的過程中，公司或創辦人必須跟丹妮兒．拉波特所說的「野獸」鬥爭。由於專注於成長的公司往往會建立複雜的系統，來處理指數型成長的數量與規模，因此會需要管理更多資源（人力與財務），而增加的資源也需要更複雜的系統來管理，然後一直重複進行這樣的循環。

丹妮兒的「野獸」就是她為了配合自己的雄偉願景，而建立的制度與結構（財務與技術）。她投資了一個價值百萬的網站，把自己的企業提升到另一個層次。問題是一個價值百萬的網站，需要專家團隊的管理，以確保它隨時運作。另外，更新部落格文章或產品也會產生大量成本。

野獸的胃口越來越大，需要不斷餵養。為了滿足野獸，丹妮兒被分散注意力——她的注意力已經不在最初創立與經營企業的目標上了。當她的注意力變模糊時，她發現自己更忙於餵養野獸，而不是照顧自己的核心業務。當丹妮兒意識到她不想繼續餵養野獸、不想讓它繼續呈指數型成長時，她決定必須摧毀它。

在「殺死她自己的挪威海怪（Kraken）」時，她開始徹底的簡化。她的策略從「訊息傳播……越多人越好」轉變成「訊息傳播……眼裡看見它企業的人」。她認為不關注成長、不關注規模是最好的方式，可以讓她把野獸從她的一人公司中刪除，並將注意力回饋給已經關注她的人。她把自己的決定比喻成不再試圖透過付費管道接觸到無限多的人，而是只為那些出現在晚餐現場的人提供食物——那些透過口碑自然找到她的人，或者那些與她的企業有接觸的人。事實是她還有幾十萬飢餓的粉絲出現在「晚餐」現場。

當然，追求野獸是件完全可以理解的事，也是符合人性的事——即使在事業上，我們都需要感受到被愛與被需要的感覺，有些人會比其他人更需要這種感覺。然而，除非我們去質疑這對我們的事業是否真的有需要，或去思考是否與我們的事業有關，否則我們可能會因此滅亡。野獸被佛教徒稱之為「餓鬼」（hungry ghost）——是一種胃口無法被滿足的可憐的生物。對餓鬼來說永遠沒有足夠的一天，所以它總是在追求更多。在商業上，餓鬼就是指追求更多成長、更多利潤、更多追隨者，以及更多希望。

即使是大型與老牌公司，也難以倖免於「追逐高成長、無限成長的野獸」的危險處境。星巴克（Starbucks）、Krispy Kreme，以及Pets.com都曾積極擴張，也在不同方面付出昂貴的代價。

星巴克在全球開設數百間門市，但決定再藉由多賣三明治、CD，以及更精緻的飲料來快速擴展規模。這樣的快速擴張最後卻淡化了星巴克的品牌，因此星巴克面臨同樣快速的縮減，被迫關閉九百間門市。後來，星巴克重新將注意力放在，只把一件事（咖啡）做得更好。它透過咖啡機的升級、重新培訓員工的審美（做出完美的濃縮咖啡），並且刪除許多多餘的產品，像是音樂與午餐等產品，重新努力重拾精品咖啡店的招牌。星巴克以艱難的方式，學會「想變得更好，不一定要變得更大」。

Krispy Kreme新鮮製作的新奇零食非常受歡迎（也很美味），這間公司看似不可能會倒。它的甜甜圈剛出爐的標誌亮起時，經常引來排隊人潮，排下來都好幾個街區長。但當Krispy Kreme專注於向雜貨店、加油站、甚至在小範圍內多個地點擴張時，它卻淡化了自己稀有性的特色。由於連鎖加盟業者會彼此相互競爭，Krispy Kreme發現自己在追逐的是不斷減少的利潤：在二〇〇四年至二〇〇六年，公司在這兩年來營業額下降了18％。Krispy Kreme的規模變大後，也帶來一些會計與財報的惡夢，它被迫以七千五百萬美元跟美國證券交易委員會（Securities and Exchange Commission）達成和解協議。

最後，從大多數指標來看 Pets.com，它就像是網路繁榮與衰退週期下的縮影——是一個做事未考慮優先順序並且過度融資成長的例子，它以遠低於成本的價格銷售產品（這顯然無法持久）。光是二〇〇〇年第二季，Pets.com 就斥資一千七百萬美元在手偶（sock puppet）的廣告上，同時它當時的收入（不是利潤）只有八八〇萬美元。Pets.com 的花費建立在它希望看見的成長，卻不是建立在公司**當前**的狀況。最終 Pets.com 的投資以損失約三億美元收場。

當然對某些特定的市場與產品而言，有時候需要規模經濟才能成功，但很多時候其實不需要，那只是自我價值感作祟。在不需要成長時強迫企業成長，並不是一個很可靠的商業戰略。

當你覺得你必須開始跟市場上最大的參與者競爭時，你最後會變成追著競爭對手成長，而不是改善自己的產品。有時候，找到一位客戶然後與他合作，接著增加另一位客戶、再增加另一位客戶，這是一種非常有用也可靠的起頭方式。而有時這甚至可以是最終目標——把你的注意力放在關係維繫與手上的支薪工作。有時候最佳計畫是關注現有客戶的成功，而不是追逐領先者與成長。

不是所有事情都需要擴大規模才會成功——就像水晶雪球皇后公司（Queen of Snow Globes）的創辦人利亞．安德魯斯（Leah Andrews）也是偶然發現這件事。她經營的事業是幾乎無法規模化的企業：她一次為一位客戶創造複雜又獨特的水晶雪球。一開始她就被這些客製化的藝術品需求淹沒，像是來自昆丁．塔倫提諾（Quentin Tarantino）與查寧．塔圖（Channing Tatum）等名人，甚至是為網飛公司的辦公室打造水晶雪球。她沒有擴大產量，而是把價格越拉越高，直到需求量穩定在她可以處理訂單的水準。她專注創造出令人驚豔的產品，因此能勝過競爭對手（大規模生產水晶雪球），也能為她的工作賺到巨額溢酬（premium）。因為她專心製造最好的產品，而不是製造最能規模化的產品，所以她在不擴大生產（也會進一步擴大複雜性與費用）的情況下，讓利潤快速成長。

帶領五支球隊奪得ＮＢＡ總冠軍的名人堂籃球教練帕特．萊里（Pat Riley），他創造「貪多症」（the disease of more）一詞。他一再注意到獲勝的球員會像某些初創企業一樣，專注於更多而不是**更好**。一旦某些球員獲勝，他們會讓自己的自負，妨礙所有能幫助他們贏得冠軍任務的事——像是練習與專注力，然後被更多的代言、讚譽，以及媒體關注所吸引。因此，他們最終是輸給自己的內部力量，而不是競爭對手。

當你專注於以精益求精的方式經營企業與服務客戶時，你的一人公司最終可以從同樣數量的工作中獲得更多的利潤，因為你可以提高價格，直到工作需求降至你能處理的水準。我也是這樣做的，因為我的企業是以客戶為主的設計業務：我一再的把費率加倍，直到需求略超出我可以完成這項工作的時間。藉由這種作法，我不需要僱用更多員工來增加利潤，我只需要專心把我的工作做得更好——投入相同的工作時間，但大幅增加我工作產生的收入。保持小規模依然是我的終極目標，因為就像西恩與李卡多對成功企業的願景一樣，我著眼於不斷改善，而不是無止境的擴展。

找到合適的規模，然後致力於變得更好，沒有什麼不對。小規模可以是長期計畫而不只是個跳板。

傳統經商之道不管用了嗎？

傳統的工作方式——在有嚴格規則與公司層級的辦公室裡——正被自主權更高的零工、遠端工作取而代之。商業世界不斷被新的自動化系統與科技顛覆，這是件好事。我們工作方式的改變，讓我們有機會以最低條件的投資、人力以及時間來發展。

依照慣例來看，擁有小公司被視為是好的起點，或者被視為是企業成功有限的結果。但現在有一種新型態企業，從小規模做起，也維持小規模，這麼做不是因為缺乏遠見或策略，而是因為現在一個人（或一個小團隊）就可以完成很多。由於科技不斷進步，讓我們能做到很多事，像是自動化銷售漏斗，或是不需要倉庫與員工就能直接出貨實體產品，或不需要投資機械設備與儲存空間就能依照需求印刷。

WordPress是一間提供網站建立的軟體公司，全球有26％網站由WordPress所架設，它關掉華麗的舊金山辦公室，不是因為公司沒有錢（它非常賺錢），而是因為員工們幾乎不在辦公室裡工作，他們都選擇在家工作。一萬五千平方英尺的WordPress辦公室每天大約只有五個人使用，一個人擁有三千平方英尺的辦公空間確實有點太大。

因為科技的進步，在任何地方、以任何電腦工作都變得很容易，所以需要減少開銷（例如辦公室與其相關費用）。

彼得・勒弗斯（Pieter Levels）是一位數位遊牧民族（digital nomad），他是挑戰傳統商業現狀的荷蘭程式設計師。他透過網路在世界各地工作（目前人在泰國的村莊），他編寫軟體的競爭對象是創投資助的矽谷公司，這些公司大多是擁有二十人或更多人的團隊。彼得經營他的線上服務Nomad List網站——根據全球各城市適合數位遊牧民族工作的程度與有趣程度進行排名，提供一個全球城市排名的共享名單——每年賺四十萬美元，但沒有員工也沒有辦公室。因為《紐約時報》（*New York Times*）、《連線》（*Wired*）雜誌、美國有線電視新聞網（CNN），以及《富比士》（*Forbes*）都在報導Nomad List，彼得不需要公關或行銷團隊，只需要專注於提供很棒且不斷改進的服務。因為這間公司只有彼得與他需要的少數承包商，他可以按照自己的想法去執行，測試這些想法是否有市場立足點，如果沒有的話也可以快速做出戰略轉向。因此身為一個人的團隊，他能夠做得比規模更大的公司更好，成為行業裡的佼佼者——現在他甚至連傳統的收件地址都沒有。他可以利用現有的軟體實現自動化，他甚至可以一次離線好幾個禮拜，但依然有穩定的收入。

透過精心策劃且有戰略的執行個人化的銷售漏斗，像是布倫南．鄧恩（Brennan Dunn），他透過電子郵件自動化、培訓顧問，甚至不需動到一根手指就能推出產品。布倫南甚至可以不帶電腦離開家，也依然有銷售紀錄，因為他建立了一個系統：驅動潛在買家到他的網站、將他們轉換成訂戶，發送個人化電子郵件給他們、根據他們在網站上的活動或行為調整郵件內容，最後讓他們變成買家。這是一個無論他是否在場都能創造收入的過程，所有過程都透過軟體（電子郵件服務提供商，像是MailChimp或Drip）來完成，每個月的使用成本為幾百美元。布倫南一開始也以傳統方式營運，僱用員工、擁有一間辦公室，並擴大人力、投資以及資源，好讓他的事業成功。但是現在他縮減到沒有辦公室，只需要少數遠端承包商，可以花更少的時間工作，開銷也少很多，並且利用現成的數位科技來創造更多的收入。

那些曾經很昂貴的企業軟體——或過去尚未開發出來的企業軟體——現在價格卻很便宜、易於掌握、方便使用，而且不必花太多時間來使用這些工具。舉例來說，我只需要一星期大約花一個小時的時間，就能經營一份三萬人的郵寄名單，為我創造大部分的收入。我可以在世界各地免費使用 Google 文件，建立一個可編輯又可共享的檔案，也可以使用像 Dropbox 這類可以分享任何大小檔案的服務。我可以透過合約聘請一位在柏林的系統管理員，每個月為我工作一到兩個小時，來代替整個資訊部門，我也可以使用免費分析軟體，了解跟企業網站的造訪者相關的一切。科技讓事情變得更容易做到，而過去要做到這些事卻需要成千上萬的花費，或者需要一個團隊。企業的新現實讓我們比過去更容易成為一人公司，也不需要把大規模成長當成最終目標。

為自己工作：太冒險了？

風險不只是讓人耗盡心思的對弈遊戲——風險更是大多數人認為為自己工作會涉及的事！當然，為自己工作肯定會有些無法減輕的風險，但我們應該質疑這個想法：屬於自己的一人公司會比在傳統公司工作的風險更大。

如同傳統經營方式正在改變，因此過時、充滿恐懼的設想「創業精神是危險的商業冒險」也需要改變。在今天的世界，不再存在這種唯一路線：上學，取得學位，找到並保住一份工作直到退休。工作與職業路線不再像幾十年前一樣安全。簡單來說，為工作五十年的員工舉辦退休派對，再用金手錶與一大筆退休金送他們離開職場，這樣的光景已經一去不復返了。

米蘭達．希克森（Miranda Hixon）是MilkWood Designs的創辦人兼負責人，她的工作是為舊金山灣區的小型初創公司進行工作空間設計。她認為她的工作是根據公司特有的內部風格與溝通風格，進行有意識的工作空間設計——基本上是公司文化的有形表現。對客戶而言，她的職責可能包含購買或客製化漂亮的傢俱、規劃一個空間的組織，以及根據公司經歷快速成長或縮小規模來調整空間。

米蘭達生長於一九八〇年代，她的夢想是穿著權力套裝[7]去公司上班（嘿，兩者都是當時風靡一時的。）當她還是小孩的時候，她的父親史蒂夫．希克森（Steve Hixon）在被一間大型建築公司解雇之後，開始為自己工作。他被迫離開的工作本該是

7 譯註：power suit。一九八〇年代女權抬頭，男性的褲裝與西裝特點被融入到女裝設計中，設計出以寬大的墊肩與大翻領為特色的服裝，展現出女性權力地位感，讓女性覺得自己在職場上能更認真被對待，這種打扮被稱為權力套裝。

穩定且有保障的，但當企業或經濟發生變化時，大公司就會縮小規模——這是大多數員工都無法控制的事。

米蘭達的父親在舊金山郊區家裡的車庫經營他的專案管理新事業——是被他們家稱為「盒子」的無窗戶空間，像是「爸爸在哪裡？他在盒子裡嗎？」在這個不那麼豪華的家庭辦公室裡，只有一台家用電腦，還有一張貼在螢幕上的便利貼，上面寫著「費用＝滅亡」，這是他經營企業的哲學。他遠遠領先於他的時代，只在需要的時候會運用由自由工作的建築師、工程師、估價師組成的工作關係網，讓事情維持小規模。由於公司只有他一人，因此當市場發生變化，或是當他只喜歡做特定類型的工作以專注於利基市場[8]時，他都能夠進行戰略轉向。他藉由保持他的一人公司小規模（只有他），他能夠設定屬於自己的彈性工作時間，因此他有時候可以指導米蘭達游泳與打籃球，然後在晚上工作。

米蘭達第一次的冒險是完成學業後在矽谷創業公司的職業生涯。雖然她很享受這些工作為她帶來的友誼、旅行，以及工作圈，但她也發現自己很難打破玻璃天花板[9]。儘管大部分的白人、富人，以及男性領導階層，都向他們的工作圈提倡完全包容與開放的價值觀，但她的職業發展還是不斷面臨阻力。這促使她獨自出去冒險，因為這麼做能讓她擁有更多自主權，並對自己職業生涯的限制擁有更多掌控權——或完全拋棄這些限制。

米蘭達父親抱持的「費用＝滅亡」的思想，已經滲透進她的潛意識，因此她以父親的方式經營她的企業。她只在需要的時候從她信任的人當中去僱用畫家、搬運工、安裝工人，以及木工，包含過去跟她一起工作過，或直接被介紹給她的那些人。她也支付他們高於平均水準的工資，以激勵他們從事較小的專案，或在週末工作。因為她以自己覺得公平的薪水支付給他們，他們就會做得比平均水準更好，她也因此得以向客戶收取溢酬。因為她讓自己的企業維持小規模，因此她能夠在舒適的小環境工作——小規模初創企業。這是擁有大量員工與開銷的室內設計公司必須避免的情況，因為它

8　譯註：niche。或稱為縫隙市場，是指大市場裡的被忽略的某些細分市場，市場規模雖小但有特定需求，因此具有持續發展潛力，具備獲取利潤的基礎。

9　譯註：glass ceiling。通常指女性在職場上遇到的無形阻礙。

們必須追逐更高的收入。

米蘭達童年時那個坐在角窗辦公室[10]穿著權力套裝的憧憬消失了，不是因為墊肩不流行了，而是因為她意識到不斷成長通常會帶來壓力與焦慮。當你僱用員工你就要對他們負責。你是他們收入的來源，他們要支付房貸，養活他們的家庭，甚至送他們的孩子上大學。這是個沉重的責任。但是以合約方式讓人們成為自由工作者，你只需要對一個特定的專案負責，你知道你會得到多少報酬，你會支付他們多少錢。

米蘭達已經依照自己的條件，找到承擔足夠的責任去獲得成功的方法，但責任不會大到讓她變得壓力很大，或必須花很多時間去管理別人。她能在內華達山脈的山腳下，在自己搭建的蒙古包隱居一段時間，她發現自己整體生活壓力也變得更小。

我為自己工作將近二十年，每年都有穩定的收入成長。這跟我許多朋友的情況形成鮮明的對比，他們曾在大公司或初創公司工作過，每當經濟發生變化就會被解僱，或面臨公司規模的縮減。根據美國人口普查局（U.S. Census Bureau）的資料顯示，二〇一五年在美國年收入為一百萬美元的非受僱機構（為自己工作且沒有僱用員工的人）成長率近6％。該調查發現三八〇二九間公司（一人公司）帶來七位數的收入，它們從事各式各樣的工作，從常見的高科技與科學工作，到設備維修與洗衣服務，應有盡有。

美國人口普查局的資料顯示，每年為自己工作都變得更容易、風險更小，而且還能擁有相當不錯的生活。你可以外包或僱用自由工作者，完成那些傳統由員工完成的工作。跟公司不同的是，身為老闆的你不會被裁員，或者不會無法打破性別上的玻璃天花板。只要你從事的是有需求的好工作，為自己工作是沒有限制的——或者如同我們接下來會看到的內容，只有智慧的上限會影響你的位置。

上限

大部分的企業都會設定目標與指標，但很少有企業會考慮設定上限。它們反而會關注目標的下限，專注於利潤與目標等領域不斷增加，並設定像是「我希望這一季至

10 譯註：角窗辦公室（corner offices）是公司最佳的辦公室位置，辦公室的面積大且擁有兩面窗，因此採光好、景色佳，通常是總經理或高階主管的辦公室，象徵權力與地位。

少賺一百萬美元」這類目標，或者「我們每天需要讓我們的郵寄名單增加二千人」的目標。它們設定自己想要達到的最低門檻，言外之意就是，越多越好。

如果改成為我們的目標設定上限呢？例如，「我希望這一季至少賺一百萬美元，但**不超過一四〇萬美元**，」或者「我們每天需要讓我們的清單增加二千人，但**不超過二千二百人**」呢？

在大多數商業領域中，都有一個可持續發展的神奇區域，它跟本書開頭提出的「足夠」概念有關。如果成長得太快，問題會隨之而來——例如沒辦法以足夠快的僱用員工速度來跟上成長，或者沒有足夠多的基礎設施來處理增加的工作量。下限可能很重要，舉例來說，你需要賺足夠的收入才能創造利潤。但要是超過下限呢？如果你賺得比你創造利潤所需的錢還要多，那麼能帶來多少幫助呢？如果你超越公司的目標，那麼對你、對你的企業、或對你的客戶有什麼好處呢？

詹姆士．克利爾（James Clear）是一位很成功的部落客，專門談論習慣與生產力的主題，他講了一個故事，關於美國西南航空公司（Southwest Airlines）在一九九六年面臨的有趣問題：這間航空公司有序的從一間小地區航空公司，發展成全國性航空公司。當其他多數航空公司虧損或走下坡路時，超過一百個城市都在懇求西南航空為自己的地點提供服務。但這不是有趣的部分，有趣的是西南航空拒絕了95%以上的提議，並開始只為四個新地點提供服務。它拒絕指數型成長，因為公司領導階層為成長設定了上限。

當然，西南航空的高層希望每年都能成長，但他們不想成長太多。不同於星巴克、Krispy Kreme，以及Pets.com，他們希望能設定自己的速度，一個可以長期維持的速度。他們藉此建立成長的安全邊際，有助於他們在其他航空公司隨意採取行動之際，繼續蓬勃發展。

西南航空的故事很有趣，因為公司的領導者盡力維持他們的業務，而不是讓業務變更多。從進化的角度來看，可能有很好的理由，希望積累越來越多的東西。有了更多的食物、更多的水、更多的保護來抵禦掠食者，我們死亡的可能性或許會更小（可能是被比我們大的東西吃掉）。因此在過去，沒有為我們的目標設定上限，一直對我們有很大的用處，也讓我們不斷被滿足、被保護，以及不斷進化。但現在，在現代社會擁有無止境成長的目標，往往會產生問題。我們大多數人不用擔心食物或保護，但我們仍然想收集越來越多、無止境的東西。這種思維模式更延續到我們建立與經營的企業上。

在文化上，成長滋養了我們的自我價值與社會地位。當你的公司越大，擁有越多的利潤與員工，你的感覺可能就越好。詹姆士認為，一萬名訂閱者對他新部落格的電子報來說是個神奇的數字，代表他很成功。但後來他很快的達成一萬名訂閱者目標，但他的部落格事業沒有任何變化。他把目標調整為十萬名訂閱者，但同樣的他很快就達成這個目標，依然沒有任何改變。雖然我們不想這樣做、或不願意承認，但在某種程度上，我們在設定目標時會受到外部因素與同儕壓力所影響。被一群人接受與重視的感覺很好。如果我們隨時都能將目標完全內化，我們就不會像那樣追求成長了。詹姆士現在也專注於自己企業的上限與下限，讓他的部分目標由他的工作理由來決定（還有一些外部與同儕因素）。

嫉妒：靈魂的潰瘍（也是企業成長的潰瘍）

蘇格拉底（Socrates）說嫉妒是靈魂的潰瘍，意思是我們很容易受他人成功產生負面影響。當我們把自己跟別人比較時，我們是誰，我們真正想要的東西是什麼，這些問題都會被遮蔽。我們會崇拜史蒂夫．賈伯斯（Steve Jobs）、伊隆．馬斯克（Elon Musk）以及歐普拉等人，認為他們的成功之路——創造大型帝國——是我們幸福與事業成就的關鍵。

不知為何，當我們的企業只有我們，或者當它沒有成長時，我們會覺得有社會壓力，應該要跟上其他更大的企業，好讓別人認為我們「有在努力取得成功」。當一個人回答「你做什麼工作？」的問題時，如果他們說為自己工作，通常第二個問題是「你的企業有多大？」如果你不得不回答，公司只有你，而且沒有計畫要擴大規模，可能會有點尷尬。不過，經營任何規模的企業真的是件困難的工作。無論企業是大或小，能讓它持續運作並且盈利，都是件值得驕傲的事。

外部壓力，或甚至某些自我成長的期許，大多來自這樣的嫉妒。當我們看到另一間企業，如果它的規模很大，我們會設想它有在努力取得成功。但即使是非常透明的公司，通常也只分享它們的毛利或MRR（monthly recurring revenue，每月經常性收入），這只是整體情況的一小部分，並不能代表它們實際的利潤或毛利率。一間月收入為五十萬美元的企業，可能會因為工作過度而流失關鍵員工，它的資金消耗率也可能是每個月五十五萬美元——一旦創投資金耗盡，它就會無利可圖，且可能無法維持下去。

嫉妒是很難管理的，因為它是社會無法接受的情緒，即使是多數人會有的感覺。嫉妒也會讓你的注意力從你的工作、你的企業，以及你的客戶身上轉移。當我們屈服於嫉妒的感覺，那麼我們所期望的最好，其實只是第二好，因為我們專注於複製別人的路，而不是打造自己的路。

嫉妒也是建立在錯誤的比較基礎上，例如，拿未煮熟的食材跟美味的烤派餅做比較。當我們羨慕別人時，我們往往只看到最終結果或最終產品——美味的甜點。但在我們自己身上，我們卻只看到所有不那麼美味的起始配料，並且只注意把它們組合為成功的最終產品，所需的所有實際工作有哪些。我們經常把有時一團糟的自己，跟別人最好、最閃耀的一面做比較，因此顯得自己不夠理想。請記得，每間企業不是只有成功的一面，它也有失敗的一面。

但嫉妒在這方面是有幫助的：當作了解自己真正價值的工具。舉例來說，如果我羨慕你賺的錢比我多，那麼我必須了解，賺更多錢對我來說是否很重要，努力搞清楚真實情況，如果是的話，接著要決定該如何做，才能努力賺更多錢。一旦我們知道是什麼引發我們的嫉妒，我們就可以專注於如何重新思考或前進。

印度的一種古老語言「巴利語」（Pali）中，有一個詞「mudita」，很像是嫉妒的反義詞，因為它的意思是「為他人的好運或成就感到高興」（有趣的是，它在英文中沒有對應詞）。出於利他主義，mudita 在商業中很有幫助：我們可以很高興有馬斯克或歐普拉這些人的存在與成功，同時不讓他們不斷成長的帝國，影響我們所做的事、或影響我們如何看待自己的企業。我們可以敞開心胸，理解別人有自己的事業成就，但這不是我們事業的唯一指引因素。

我們不需要抱持著支配世界的心態，我們應該粉碎這種心態，為自己創造很棒的生活，或甚至帶來實質性的影響。我們的工作可以從小規模開始、以小規模結尾，同時依然能帶來幫助——專注於變得更好而不是變得更多。

開始思考

- 你更關心現有客戶還是潛在客戶？
- 你是否能讓你的企業變得更好（不管你如何定義），而不只是讓它變得更大？
- 你的企業是否真的需要擴大規模才能成功？
- 你的規模上限（你的利潤與享受的報酬遞減之處）在哪裡？
- 你如何把對別人的嫉妒，變成享受他們的成功並向他們學習？

第3章 領導人需具備的條件

到目前為止，我們已經談到一人公司是什麼，還有為什麼改善你的生活品質比盲目成長更值得重視。現在，我們可以把注意力轉向領導一人公司需要具備什麼特質——無論是當個獨立自主的企業家，沒有打算僱用其他人；或是在更大的公司當個領導者，帶領靈活、擁有自主權的團隊。

領導一人公司所需要的特質可能與你所想的不同，我們也會探討領導能力與權力帶來的令人擔憂的負擔——以及如何避免這些負擔。

非典型領導者

商界與好萊塢傳達它們對領導者的典型看法——有魅力、有主導權、A型性格的人（通常是男性），也就是在房間裡講話最大聲，能引起人們注意的人。這種領導者有時能占有一席之地，但這並不是唯一可能的領導者類型（尤其是「男性」）。一人公司可能是由那些安靜、深思熟慮、會自省的人所領導與管理，即使有團隊需要管理也是如此。

一人公司確實需要領導能力。如果你為自己工作，你必須成為一位成功推銷你的服務或產品的領導者，並與客戶或消費者維繫關係。如果你跟承包商或自由工作者團隊合作，那麼你也必須能夠帶領他們。在企業環境中，即使在企業架構底下領導不是你的職責，但如果你無法證明你的領導能力，你就無法獲得掌控權、彈性，以及速度，也就更無法擁有自主權。

領袖魅力——所謂的X因子（X-factor），是指領導者生下來就是為了進行有吸引力的投售[11]、激發出緊迫感，以及促成合作——不是你天生具備或不具備的特質。事實上，領袖魅力可以被教會或在需要的時候產生，即使對安靜的人來說也是如此。根據洛桑大學商學院的研究顯示，對管理人員進行特定特質的培訓，可以強化他們的領袖魅力性格（即使他們沒有這種與生俱來的性格），進而改善他們身為領導者的整體效率。藉由利用故事與隱喻、設定高度期望、甚至臉部表情，任何人都可以運用與獲得領袖魅力來激勵他人。

另一個有幫助的特質是設定極高的目標—為自己與其他人。甘地（Gandhi）在其著名的「退出印度」演講中，激勵整個國家在不使用暴力的情況下，從英國統治中解放出來。夏普（Sharp）的前執行長町田勝彥（Katsuhiko Machida）在一九九九年激勵他的員工，當時公司瀕臨破產，他告訴員工一件不可思議的事：所有的CRT電視（那些曾經又大、又笨重的寬盒子電視機）到二〇〇五年會被更薄的LCD電視所取代，以滿足消費者的需求。但是只設定這些聽起來很離譜的目標與期望是不夠的，他們必須有信心自己能夠實現。甘地是透過無數次和平抗議來做到這點，而町田勝彥透過說服他的工程團隊來實現這項目標，他告訴團隊他們能夠實現這個目標，他也相信他們

---

11 譯註：投售（pitch）是指針對特定目標，透過簡報方式進行推銷。常用來指創業者對投資者或合作夥伴推銷自己的創業理念，目的是獲得資金；也可以用來指企業對潛在客戶推銷自己的產品，目的是促成銷售。

能做到，並給他們資源。

由於Facebook的執行長馬克・祖克柏（Mark Zuckerberg）是一位典型的內向型領導者，因此他請了營運長雪柔・桑德伯格（Sheryl Sandberg）來協助他，為他提供社群與政治指導。馬克更仰賴更小、更真誠的合作關係，而不是試圖讓大量員工或下屬服從他的管理。他也非常善於說服其他初創公司及其創辦人（通常富有創業精神）加入Facebook，因為他會花很多時間跟他們相處，並熱切的傾聽他們的聲音。

哈佛商學院的教授做了一項研究，發現內向的領導者會非常成功，尤其是當他們管理有經驗又主動積極的團隊時會特別成功。因為一位更安靜、更冷靜的領導者，他有可能會更仔細傾聽、保持非常高的專注力，且不怕長時間不間斷的工作，因此他們能夠帶領同樣優秀的團隊。就像你一旦掌握技能組能，就能享受擁有自主權的好處（如同第一章所討論），以小團隊運作的一人公司，如果想在不需要太多管理的情況下，就能讓團隊成員既可以單獨運作，也可以整體運作，那麼就需要每位成員發揮真正的專業知識。

根據亞當・格蘭特（Adam Grant）、法蘭西絲卡・吉諾（Francesca Gino）以及大衛・

霍夫曼（David Hofmann）的一項研究表明，內向的人可以成為更好的老闆——外向的領導者有時先說話、後思考，實際上會失去團隊的尊重，導致較差的結果。然而，任何領導者如果認真傾聽，並接受他團隊給的聰明又有用的建議，那麼無論他是內向還是外向，都可以建立起合作時需贏得的信任。

內向的領導者確實必須克服很強的文化假設，也就是一般認為外向的人是更有效的領導者。儘管內向與外向的人口幾乎差不多，但超過96％的經營者與高階主管都是外向的。在二〇〇六年進行的一項研究發現，65％的企業高層主管將內向視為領導能力的阻礙。然而，我們必須重新檢視這個刻板印象，因為它不一定永遠是正確的。瑞金大學發現，渴望為他人服務且讓自己成長，是成為領導者與保持領導能力的關鍵因素。所謂的僕人領導（servant leadership），可以追溯到古代哲學與《道德經》遵循的信念，僕人領導是指一間公司最好透過幫助工作者或客戶實現他們的目標，來達成自己的目標。這種領導者不會想追求注意力，他們反而會希望照耀別人的勝利與成就。僕人領導需要謙虛，而這種謙虛最終會帶來回報。一人公司亦是如此，它們了解提升其他人就可以提升整個團隊或企業。

一人公司有時是安靜的人所領導，他們能自我激勵，在不大聲嚷嚷的情況下改變世界。很多人認為他們不是那種可以創業與經營企業的人，也不是會激勵別人跟他們合作或向他們購買東西的人。我自己先承認我不擅長社交，在團體中也不擅言辭——在會議或聚會上推展所有事情，都讓我覺得很難熬。我所做的每件事就是，圍繞我擅長的事情來建構我的企業——線上教學與書面交流。我把我的內向個性變成有利的工具，而不是當成無所作為的藉口。我找到適合我的個性與技能的領導方式：我選擇避免對著一大群人講話，而更傾向一對一的交流。我的內向是我選擇在網路上教課程，而不公開演說的主要原因。線上課程是能讓我進行有效溝通的管道，也是我與受眾接觸的方式。

由於我幾乎沒有領導能力，很容易對我的一人公司不利，因此我只跟不需要任何管理的自由工作者與承包商合作。他們是清楚知道如何完成工作的A咖。我只需要提供他們參數，讓他們自己完成他們的工作就好。我讓我僱用的人擁有完全的自主權來完成他們的工作，這樣我就可以做自己的工作，不需要開會、簽到、或管理。我只要求他們有問題時讓我知道，所以如果我沒有他們的消息，我就會認為他們的沉默是代表他們正在完成任務。我讓我自覺的不足，像是不擅於或沒辦法管理好別人，成為我事業的助力，而不是成為阻力。我的領導風格可能會讓我在僱用人的時候花更多錢（A咖價格更高），但他們的工作成效值得，也會為我的企業創造正的淨報酬率。

自主權不是靈丹妙藥

領導一間讓員工擁有自主權的一人公司，不是像刪除所有規則、流程，以及指示那麼簡單。這樣做的結果會變成無政府狀態，這會為盈利能力與可持續發展性帶來很大的傷害。

目前在《財富》（*Fortune*）雜誌一千大公司與製造業企業當中，分別有79％的一千大公司與81％的製造業公司擁有被賦予權力、能自我領導或獨立自主的團隊，但這些團隊仍以某種方式被領導或管理。一個可自我領導的團隊還需要領導似乎有點奇怪，但實際上它們確實需要特定的指示。

曾跟樂高集團（LEGO）與Spotify合作過的管理教練亨里克．克尼貝爾格（Henrik Kniberg）認為，如果設想一個組織不是完全自主就是完全一致（員工嚴格依照管理者的目標與指令完成任務），根本就是錯誤的二分法。不論是要創業或是維持營運，每種特點都需要一些。一人公司的領導者所扮演的角色就是，當他提供統一設定的流程與確保擁有共同的目標時，同時也要給予自主權。要實現這種微妙的平衡是很有挑戰性的。

Hudl（一間運動軟體公司）的設計副總裁凱爾．墨菲（Kyle Murphy）在過去九年，公司僱用的第一位員工已變成六百位員工中的其中一位。在Hudl剛創立時，曾發生「自主權超載」的情況——每個團隊都在做他們想做的任何事情，有時會重複工作，有時甚至創造一些不適合其他團隊的成果。自主權超載造成了混亂。凱爾很快發現公司需要的是整體性的組織系統——與其限制員工的創造力與獨創性，不如給他們一個共同的架構與劇本去工作。

凱爾的設計團隊過去也曾掙扎是否要僱用足夠的設計師，以滿足公司必須做的大量設計工作與當前的需求。這讓凱爾重新思考Hudl設計團隊以扁平化為主的運作方式。於是他為公司軟體的視覺元素，建立共同風格指南規則（按鈕、顏色、字體等），如此一來Hudl只需要更少的設計師，就能完成更多的工作，因為他們現在有了一套共同的構成要素。他還簡化了回饋工作與修改工作的方式，因此這些流程所需的時間更少。實際上，僱用更多人來處理這件事，並不能當作解決辦法，相反的引進更多流程與架構，有助於以更少的員工完成更多工作——讓員工使用共同的一套工具，同時又允許他們以自己的方式自主解決問題。

當然，自主權也可能被嚴重濫用。問題不在於很多員工利用彈性工作時間、或遠端工作占便宜，而是在於領導者認為他們需要給更少的方向。領導者的工作就是提供明確的方向，然後讓出一條路。即使是一人公司也需要方向與一套流程——正是這種共同的約束，才能讓創造力萌芽，讓目標得以實現。這種秩序性必須精心策畫，不是以自主或非自主這種二分法來決定，而是在引導與信任之間取得平衡。提供太多指導，一個團隊就會開始依賴它，領導能力就會成為制定決策的阻礙。提供太少指導，團隊就會變成無政府狀態。中間地帶才是讓高績效團隊表現突出的地方，為公司提供最大的利益，並且提供最創新、最驚人的成果。

即使是沒有員工的公司也需要約束。當你為客戶提供服務時，如果他們對你的服務有非常具體的需求，或要求你的產品需要以明確的方式執行，在你的領導能力之下，你就可以更依賴你的流程、系統，以及可重複使用的基本要素（包含程式碼、行銷語言、視覺效果等），你的工作會做得更好、更快，你所需的工作時間或員工也會更少，甚至你可以獲得更多的收入、更多付費客戶，並且完成更多流程。

多種技能組合

在學校與職場中，我們經常被教導專業化是好的，專業化也是成功的關鍵。年輕時我們就被要求選擇一條道路，這條路會引導我們走向特定職業。在我們的工作中，我們通常只使用一種特定的技能組合，來完成被指派的任務。這有助於我們獲得單一學科的專業知識，但一人公司確實需要有能力知道且了解許多主題與技能，以利於掌控它們的工作。

身為一位優秀的通才，你通常會從專業化開始，然後根據需求再增加輔助與互補的技能，直到你能了解整個企業大部分或各方面的運作，而不是只了解其中一項特定工作。當你為自己工作時更是如此：你必須熟悉你用來賺錢或製造產品的技能，但你也需要對行銷、記帳、業務等關鍵方面都有透徹的了解。

在商業領域，我們所面臨的環境當然不可能很完美。事實上，它們通常比理想中還差，因為市場不斷變化、趨勢有所差異、消費者的需求也經常突然改變。企業界的專家可能只會在某些顛簸時期非常受歡迎。舉例來說，隨著千禧蟲危機（Y2K）接近時，COBOL程式設計師在一九九九年變得非常搶手，但在二〇〇〇年一月一日之後需求又瞬間減少。相較之下，自一九八〇年代電腦開始成為主流以來，能夠使用任何程式語言編寫程式的通才程式設計師，就一直很受歡迎，他們能持續看見自己具備的各種技能組合很搶手。

《演化論》（*Evolutionaries*）一書的作者卡特．菲普斯（Carter Phipps）認為，通才能在商業領域持續發展，因為知道「很多事情的一點點」變得越來越有價值。在通才到專家的光譜上，你落在哪個位置上，可能就是你的一人公司生存的最重要因素。耶魯大學的一名講師維克拉姆．馬夏拉曼伊（Vikram Mansharamani）曾說，必須承認特定的專業知識被高估了。當然，有些領域需要特定的知識，比如硬科學[12]，但對大部分的專業知識來說，如果對其他領域視而不見，就無法在當今的商業世界（或一人公司）工作，因為存在太多的不確定性與模糊性，而且衡量指標的定義也非常不明確。

現在，是時候該擁抱通才思維、認識許多事物了。

一人公司的通才領導者需要了解工作的許多方面才能成功。這些領導者不僅需要成為自己核心技能組合的能手，也需要了解企業整體的運作方式。一人公司的領導者一開始就應該具備幾點概括性的領導特質，或者應該要願意去培養這些特質。

對他人心理的理解力

具備理解他人想法的能力，對一人公司來說非常重要。你需要了解人們如何對你的產品或服務做出決策，還有為什麼他們這麼做。是什麼原因促使他們購買你創造的東西？是什麼原因讓他們猶豫？他們把自己的生命價值擺在哪裡？如果他們真的從你這邊買東西，他們能贏得什麼？你的企業會在哪裡天翻地覆、為什麼發生？了解這些關鍵因素可以讓你成為更好的領導者、更好的業務人員，以及更好的行銷人員。

溝通能力

即使我們可能不認為自己是善於溝通的人或作家，但我們多數人會花很多時間在寫作上。從電子郵件、網路貼文、到講電話，所有事情都是在溝通。當我們越了解如何清楚、有效的溝通，我們在領導時就能做得更好，因為我們所下的指示能夠更清楚的被理解。

彈性

根據英國記者邁爾士．金頓（Miles Kington）的報導，「知識就是你知道番茄是水果；智慧則是不把它放在水果沙拉裡。」我們永遠不該認為，擁有豐富的知識跟擁有豐富的智慧是一樣的事。即使你能接觸大量資料或經驗，但依然有許多因素超出你的掌控範圍。真實的情況是，很多事業都是一種猜測。這就是為什麼當失敗來臨時，有能力捲土重來並讓團隊恢復活力是很重要的事。因為擁有彈性就能讓你做到這件事。

12 譯註：hard science。指理論或事實可以被精準測量、試驗或證明的科學，像是物理學、化學、生物學、地質學等自然科學。

專注力

一人公司的領導者必須成為「巧妙說不」的專家。當機會、任務、干擾、計畫、會議等經常出現時，你可以學著把「說不」當成一種實際可行的策略。當你對任何無法滿足你的企業或團隊的事情「說不」，你就能空出空間，專注在讓你的企業變得更好的機會上。你必須學會如何快速評估這些選擇，找出哪些選項是好的，哪些是該「說不」的。

決斷力

制定決策可能會造成心理上的負擔與消耗，當這種情況發生時，很多人會開始做出糟糕的決策，因為他們已經對做決策感到厭倦。如果把大的、有壓力的決策，縮減為更小、更容易消化的決策，你能以更有智慧、更少壓力的方式選擇方向。

「我每天都拚命賺錢」

雖然努力提高彈性、掌控權、速度，以及簡單性，對於領導一人公司而言非常重要，但如果你不能抱持著正念來進行工作，嚴重的問題就會接踵而來。

在 Google 上有超過五十萬篇關於創業家「拚命賺錢」的文章（沒有一篇是這節標題所引用的瑞克．羅斯〔Rick Ross〕的饒舌歌）。基於某種原因，「為自己工作」和「把自己推向極限」變得密不可分——好像做更多工作，就代表做得更好。正如我們在第二章中所討論，更多不代表更好——更好才是更好。投入時間與精力去掌握一項技能是有好處的，但同樣的也非常需要平衡。當忙碌把失眠變成榮譽的象徵，當工作把健康、家庭、朋友推向次要位置時，肯定是你該休息的時候了。

在蘋果公司（Apple）的電視節目《APP 星球》（*Planet of the Apps*）上，有一位參賽者承認，「我很少見到我的孩子。這是你必須冒的風險。」真的嗎？這種把工作擺在第一的拚命工作方式，跟經營一人公司的心態是相矛盾——要做得更好，而不是做得更多。大衛．海尼梅爾．漢森（David Heinemeier Hansson）是一位丹麥程式設計師，他不同意在科技業與大企業取得成功必須成為工作狂的觀點，他創造廣受歡迎 Ruby on Rails 網站應用架構，同時也是 Basecamp 軟體開發公司的合夥人。漢森瞧不起這種框架——把做更多工作視為成功唯一的途徑。他認為更多工作不僅會讓壓力從領導層傳遞下來，也可能透過整個公司的外部活動來擴大影響範圍。企業需要停止拚命工作，應該鼓勵員工專心接受工作以外的生活，會對睡眠與休養都很有幫助，而他們的工作習慣也應該更安然自得。

心理學家韋恩．奧茨（Wayne Oates）在一九七一年創造「工作狂」（Workaholism）一詞。工作狂是拚命工作的典範，工作狂對於工作的需求非常過度，因而對他們的健康與人際關係造成干擾。有趣的是，奧茨發現拚命工作的人表現並不優於不拚命工作的人，他們拚命工作唯一的明顯影響是工作壓力更大、工作與生活的衝突更大，以及健康情況更差。他的研究發現，工作狂跟更多財務報酬或自我勝任感之間都沒有關聯。

Crew 是一間透過合約跟自由設計師與開發人員建立關係，並以合約方式完成工作的公司，它認為不需要為員工設定工作時間。Crew 不會期望員工每天工作八小時，或在上午九點到下午五點這段時間進行工作。Crew 讓員工在他們精力更充沛、精力集中時，自己安排工作時間——以他們需要完成的實際任務去安排做多或做少。Crew 更關心完成的工作，而不是完成工作所需的時間。

我們真的要鼓吹自己和我們的工作者拉長工作時間，才能看到更好的結果嗎？或者我們只需要以相同或更少時間，就能獲得更好的工作結果呢？

領導一人公司的價值在於，你能保持敏捷與靈活的能力。然而，這種優勢需要時刻保持警惕，因為隨著成功的到來，機會也會到來——大部分是成長與擴大規模的機會。但是要記得保持一人公司的精神，並且堅持你為自己、為你的領導所定義的成功，你必須拒絕那些不適合的機會。一人公司需要無情的不斷拒絕，因為那些計畫、任務、干擾、會議，以及電子郵件，一開始對團隊來說可能看似富有成效，但如果管理不善可能很快會適得其反。當你拒絕任何不合適的事情時，你就有空間接受那些難得的機會——那些符合你企業價值觀與想法的機會。

破除領導者不會疲倦的神話

歷史學家亨利．亞當斯（Henry Adams）曾說，權力是一種腫瘤，終會扼殺患者的同情心。這種說法可能看似非常苛刻或過度，但確實得到了心理學與神經科學的研究證實。

麥克馬斯特大學的神經科學家蘇克文德．奧比（Sukhvinder Obhi）創造了「權力悖論」（power paradox）一詞，描述當我們透過領導能力獲得權力時會發生什麼事：我們後來失去一些最初獲得權力所需的能力——像是同理心、自覺能力、透明度以及感激心理。加州大學柏克萊分校（Berkeley）的心理學教授達契爾．克特納（Dacher Keltner）在他二十年的領導者行為研究中，也得到類似的結果——那些讓我們實現領導角色的特質，正是一旦取得領導角色就會減少的特質。

身為任何規模的一人公司領導者，你會處於你不會疲倦的神話當中。企業家主義把工作狂偶像化，並犧牲任何事來為工作與公司服務——並把整個企業的重擔與責任完全放在一個人的肩上。

這看起來很淒涼，對吧？但曾擔任MOZ（一間SEO[13]與行銷資料分析公司）執行長、現任「嚮導」的蘭德．費希金（Rand Fishkin）卻非常樂觀看待。蘭德曾經很迅速的將MOZ從部落格發展成顧問公司，再發展成提供產品的企業，收入從二〇〇六年的三十萬美元，成長到二〇一四年超過四千八百萬美元，連續好幾年實現100%的收入成長。從大多數社會與商業指標來看，蘭德似乎已經成功的成為領導者——但沒有任何成功的外在定義能預防精神疾病。當蘭德的情緒開始變得憂鬱時，他不得不辭去MOZ的執行長職務。然而，透過這個艱難的經歷，他獲得許多寶貴的領悟，知道該如何領導一間不論規模大小的公司。他學到的很多事也同樣得到了科學研究的證實，不過卻違背傳統商業建議與無懈可擊的領導神話。讓我們來看看同理心、自覺能力、透明度以及感激心理，在成長為領導者時有何作用，且更重要的是，保持健康的領導角色時又有何作用。

蘭德最重要的領悟是，對領導者而言，自覺能力是一項絕對必要的條件。藉由培養「注意自己的事情」的能力——例如你的憂鬱症，你可以消除或緩解所謂的權力腫瘤。當你越了解你自己、越了解你的觸發因素是什麼，以及外部動機之外的個人驅動力是什麼，你就越能最佳化自己身為健康領導者的角色。

如果能認清我們都是人——而且所有人都不完美，我們可以打破並排除領導者必須無懈可擊的錯誤觀點。身為領導者，我們的工作是認識與定期檢視自己。對蘭德來

13 譯註：SEO是search engine optimization的縮寫，中文譯為「搜尋引擎優化」，是指透過了解搜尋引擎的運作規則，對網站進行調整，讓網站的搜尋結果能見度提升的一種行銷方式。

說，這代表他每個星期五要花三十分鐘跟他的妻子潔拉丁（Geraldine）相處，公開談論他們一週的煩惱與壓力。對其他人來說，這可能代表他們要尋求外界或專業協助。如果認為任何一個人都能承擔領導角色的所有壓力與需求，有時甚至是整個公司的重擔，而不需要跟其他人交談，也不需要其他人協助找出並排除問題，這是很瘋狂的想法。這就是彈性（建立與維持一人公司的主要因素）如何發展的方式——當需要的時候分享你的負擔。

即使是一人公司，你也不應該試圖自己做每件事，或獨自處理所有事。即使是為自己工作，也不代表你要自己做事。如同蘭德所說，「如果治療對東尼・沙普藍諾[14]有益，那麼對你也會有益。」

另外，在奧比的權力悖論中占很大一部分（在第七章會討論更多）的同理心，根據布芮尼・布朗博士（Dr. Brené Brown）的說法，同理心是指與他人一同感受。然而，在許多快速成長的公司中，領導者認為他們必須脫離人際關係，專心利用人力資源，以任何必要的手段實現必要的成長。問題在於，當領導者不再感受自己團隊內部的激勵或沮喪因素時，他就再也沒辦法領導這個團隊。

最後，領導者需要擁有感激心理。賓州大學華頓商學院（Wharton）教授亞當．格蘭特（Adam Grant）發現，當人們花時間感謝他們的承包商、員工以及同事時，這些被感謝的人會更投入工作中，生產效率也會更好。即使是表達小小的感恩也很有效──像是感謝的電子郵件或公開表揚。舉例來說，Hudl 的凱爾會頒獎給組織中最有影響力的設計師。克特納的研究顯示，即使在職業運動中，球員透過跟其他球員擁抱與擊拳等行為來表達感激，也能激勵隊友表現得更好，且每季能多贏下近兩場比賽（這有時就是能否進入季後賽的差距）。

因此，透過保持自覺能力，坦蕩的以相同方式看待自己的成功與失敗，為跟我們一起工作的人設想，並對他們表達感激之情，我們可以努力治癒領導能力的「權力腫瘤」。把領導者美化成無堅不摧的人，正是大多數問題的根源，因為他們的失敗與缺陷因此被忽視，而不是被發現、被排除，並從中學習。

---

14 譯註：東尼．沙普藍諾（Tony Soprano）不是現實人物，是美國電視影集《黑道家族》（*The Sopranos*）中的主角，是一位黑道老大，這齣戲透過主角接受心理治療的過程，讓主角認清自己的問題。

上述所有特質也都慢慢進入企業與企業文化當中，這就是蘭德對領導能力抱持很大的希望的原因。像是Google、Facebook、通用磨坊（General Mills）、福特汽車（Ford）、甚至高盛（Goldman Sachs）這些公司，現在都有一些培訓課程，可以用來協助解決來自領導能力的問題。雖然還有很長的路要走，但在修正大家對領導者的看法上，仍持續有很大的進步，領導者不是現代文化中的神話英雄，他們跟其他人一樣也是會犯錯的人。

開始思考

- 你如何在自主權與領導之間取得平衡？
- 你能從哪些領域學到更多有利於你企業的事，也能讓你成為更全面的通才？
- 你可以採取哪些措施，讓自己在拚命工作與休息之間取得平衡？

第4章 發展一間不成長的公司

如果過度、盲目的成長是企業失敗的主因，我們該如何在創立與經營一間企業時避免這一切呢？

成長確實很誘人，也很令人興奮。賺更多錢，增加更多客戶，獲得全國媒體的關注——這些成就本身沒有好壞之分。它們只是需要跟有意義的長期戰略保持平衡。有很多「成長駭客」（growth-hacking，矽谷的用語，是一種技術人員垂涎的指數型成長）會採取強迫推銷戰術，或甚至有時會採用不正當的戰術來保持成長，無視於客戶過度流失的後果。

舉例來說，你在公司網站上的每個頁面加入跳出訊息，提供瀏覽者獲得免費報告的路徑，這樣做或許可以增加公司郵寄名單上的訂閱者數量，但你得到的這份名單，也很可能是電子郵件開啟率很低、取消訂閱量很多的名單，只是讓你的淨淨成長（net-net growth）非常低，甚至是負成長。一人公司的思維模式是更傾向於為它想吸引的人提供很棒的訊息，包含許多有價值的內容，雖然整體的訂閱率可能會比較低，但開啟率與保留率會更高。

凱特·歐尼爾（Kate O'Neill）是《財富》五百大公司的顧問，同時也是一位出色的演講者，她知道一人公司需要採用有意義的成長類型。她向網飛與東芝（Toshiba）等公司展示如何使用資料來改善客戶體驗，一旦公司根據使用者的愉快感仔細進行規劃，那麼整體成長就是這種策略帶來的結果。

凱特的超能力就是能查看資料，然後將其應用於人類體驗中。她注意到一個模式：成長駭客公司會專注於追求用戶的倍數成長。它們以吸引客戶為優先，而不是先決定它們想要的客戶類型，也不是決定一旦客戶上門它們想提供什麼體驗。她發現如果沒有真正原因，或者一旦客戶上門沒有提供支援，把成長當作衡量成功的單維度指標是沒有用的。大部分的公司甚至不需要這種過度成長就能盈利。雖然像 Airbnb 這類公司必須從大量庫存開始——Airbnb 需要積累一些地方讓人居住，才能在市場上有所進展。

但多數公司一開始不需要這麼大的市場份額。

當凱特在 Magazines.com 工作時，她的角色是承擔整個新客戶取得的策略。原本的策略一直是趕快成長以獲得更多客戶，這只是單純基於增加更多客戶，就能帶來更多收入的想法。然而，當凱特在觀察收集到的資料時，她意識到增加使用者的成本會比保留使用者更高。比起試圖增加訂閱數量，Magazines.com 開始想辦法降低取消訂閱的數量，它們因此得到更好的利潤與收益。由於整個企業模式是以續訂為基礎，因此公司必須完全轉變思維——從不斷尋找新客戶，轉變為確保現有的客戶對服務感到滿意，他們才願意續訂一年。凱特讓公司看見，相較於獲得新客戶的數量，續訂客戶的數量才是衡量成功更重要的指標（也便宜許多）。Magazines.com 也更改了首頁訊息，以便於跟現有客戶交談，還增加更多的續訂優惠，並改善付費使用者能享有的客戶支援。

凱特一次又一次目睹，透過犧牲客戶體驗來獲取新客戶，長期而言是無效的作法，也不是建立一間公司的可靠策略。

企業起步時追求成長的四個理由

雖然一人公司的精神是從小規模開始——然後保持小規模，但企業仍需要從一開始就檢視成長的理由。如果新的一人公司先觀察大多數公司為什麼成長，它就可以確定這些途徑是否是正確可走的途徑。多數的公司有四個追求成長原因：通貨膨脹、投資者、客戶流失率以及自我價值感。我們透過檢視每個原因，可以為必須做的決定做好準備，並且更能防止社會或商業壓力，動搖我們去做某些我們不想做的事，或者做某些不適合我們企業的事。

首先，通貨膨脹通常很接近常數，變動不大，所有事情的成本最終會更高。舉例來說，你祖父母買汽水支付的五分美元，和你今天在自動販賣機上買汽水支付的價格不一樣。在一九八〇年代初期，我父母花五萬美元買下多倫多郊外一間三房住宅，但現在這個價格連一套微型公寓都買不起。因此通貨膨脹永遠在發生，如果一間企業不能跟上，它的利潤就會縮水。簡單的解決方案是每年提高你的利潤率來跟上通貨膨脹，然後把額外的利潤投資在報酬率高於通貨膨脹的地方（換句話說，不要把企業的大部分利潤放在只能賺 0.001% 利息的銀行帳戶裡）。

其次，投資者是企業想追求成長的最大原因，即使他們投資的是自己的公司。如果今天一間創投公司在你的公司投入一百萬美元，它會希望在幾年內看到至少三倍的報酬（如果它們是早期階段投資者，甚至會希望看到更多報酬）。為了實現這些目標，企業就必須追求過度的成長。即使你用自己的錢創業，你也會希望看到你所承擔的風險能獲得不錯的回報。然而，如果你能夠從小規模開始——很少或幾乎沒有前期投資，你可以很專注的經營你的企業，為你的客戶提供更好的服務，而不是一直想著你的投入需要得到「回報」。

另外，正如前面的簡單討論，當現有客戶決定不想再當客戶時，就會產生客戶流失的情況。因此，現有客戶為你創造的收入就需要由新客戶來取代。這時客戶流失率就會成為企業追求成長的理由。但如果你的客戶流失速度比你取得新客戶的速度還快，那麼你就會陷入惡性循環當中。大多數時候，就像凱特·歐尼爾的例子，企業會想以增加更多客戶的方式，來試圖彌補客戶流失率，而不是努力改善造成現有客戶離開的原因。根據 Econsultancy 與 Responsys 共同發布的《跨平台行銷報告》（Cross-Channel

Marketing Report）指出，增加新客戶的成本是保留現有客戶成本的五倍。因此，即使把獲取新客戶的重要性擺在保留客戶之前能有助於成長，但這麼做卻會付出非常昂貴的成本。這項研究也發現，企業仍然更傾向於努力尋找新客戶，而不是留住現有的客戶。

最後，自我價值感是大多數公司希望成長的最後一個原因。這也是最棘手的原因，因為很難克服。如果人們擁有一間大公司，這個社會就會給他們更多的權力與尊重，所以建立一間大公司是個理想的目標。我們當中的許多人都夢想管理一間大公司，但我們卻沒有去了解它的全貌，也沒有考慮到這種成長對自己生活的影響，甚至對我們喜歡做的工作類型的影響。成長讓事情變得更複雜，也讓關係經常變得緊張，而且會引起更大的壓力。不是所有人的父親都會在他的家用電腦螢幕上，貼著一張上面寫著「費用＝滅亡」的便條紙。因此當我們開始研究為什麼我們希望看到越來越多的成長時，我們可能會得到這樣的結論：主要原因是希望能讓自己顯得更受尊重。不過，一旦我們在創業之初就確定我們創業的原因，自我價值感通常會被消除。

保持小規模而不是完全專注於成長，並且在企業的核心中保持自己的誠信與個性，就能更容易以適合你也有助於客戶的方式，運作你的企業或團隊。

如同《企業金絲雀》（*Corporate Canaries*）一書的作者格里．薩頓（Gary Sutton）所說：「你不可能經營一間賺不了錢的企業。」所以在最初仍處於最精簡的狀態時，專心為自己創造可以盈利的一人公司是當務之急。你衡量成功的標準不一定要以成長做為單一面向的指標；衡量成功的標準可以是更人性化、更著重於一人公司具體特性的指標——例如，產品的品質、員工的幸福、客戶愉快感與客戶維繫，或甚至是一些更棒的目標。

創業初期……

人們在創業時，有時往往會把焦點放在錯誤的事情上，例如辦公室空間、規模、網站、名片、電腦。你可以在收入進帳後，再增加費用或實踐更大的想法。但如果你的想法需要大量資金、時間或資源才能開始，那代表你可能想得太大、太早了。把它縮小到現在就可以做的事情，以便宜又快速的方式，然後重複進行。

喜劇演員史提夫．馬丁（Steve Martin）也曾有過類似的感想，很多人剛起步卻立刻擺錯焦點。新生代喜劇演員一再問馬丁：「我該如何找到一位經紀人？」或者「我該去哪裡拍大頭照？」或者「我應該從哪個喜劇俱樂部開始？」馬丁說他們唯一應該問的問題是，「我該如何做，才能真正擅長喜劇？」

要創立一人公司，你應該先理出你想法的最小版本，然後找到一種能快速實現的方法。自動化可以之後再做。如果需要擴大規模，也可以之後再進行。基礎設備與流程可以之後再做。一開始在沒有大量時間或金錢的情況下，你只需關注能試水溫的地方，然後注意是什麼原因，讓那些不經意接觸的人變成了你的客戶，即使一開始只有很少數的客戶。**他們為什麼要買？是什麼原因促使他們這麼做？我該如何讓他們保持愉快？而且最重要的是：我該如何協助他們達到目的？**

我之所以強調最後一點，是因為客戶真的不會在乎你是否有賺錢。但是如果你賣的東西能幫助他們賺錢，他們就永遠不會離開你的公司。他們會繼續當你的客戶，然後可能鼓吹別人也成為你的客戶。如果你把你跟客戶之間的關係，視為簡單的交易關係時，你就會一心只想著你能賣多少錢、多久能賣出去。但當你開始把新客戶當成你能發展與培養的關係時，你就能更清楚知道，你做的事對他們有何幫助，而他們也更有可能繼續當你的客戶。客戶成功[15]是一人公司能賺錢的基石。

亞歷山德拉．法蘭森（Alexandra Franzen）是幾本暢銷書的作者，她過去十年一直在為《時代》雜誌（Time）、《富比士》以及《新聞週刊》（*Newsweek*）等刊物撰寫文章。她原本全職在廣播電台工作。在她辭職後的幾天，她沒有開始租辦公空間或印製名片，而是開始發電子郵件給每個她認識的人。她的父母、朋友、大學教授、以前的同事、網路上的朋友……每個她能想到的人。她寫給每個人一封私人信件，說明她已經離開電台的工作，現在是一名自由作家，她也已經為新工作做好準備了。

亞歷山德拉也在信中提到她正在尋找的工作類型。到了週末，她已經寄了電子郵件給六十個人，而幾乎每個人都回信——無論是提供她聯繫對象的意見，或是要求聘用她。她從三個小專案開始，這些專案又帶來三個專案，像是她的第一個客戶再次僱用她做另一個新專案，或者把她介紹給其他需要的人。從那時開始，這一切就像是在滾雪球，現在她幾乎提前一年就已經被預訂工作了。她不是從成長與利潤的願景開始，

15 譯註：客戶的需求能藉由跟公司的互動被滿足，即客戶成功（customer success）。

或是先想好接下來的幾個步驟，她反而是從能立即付費的客戶開始，然後只在利潤基礎上，她才增加她的費用（但只有一點點），並進行一些企業採購。

人們常常覺得，他們必須儘快擺脫在新事業中默默無聞的狀態。雖然默默無聞一開始會讓你降低跟潛在客戶的接觸，但是從沒有大量受眾的小地方做起是很適合的，因為你可以得到經驗，也可以讓你的企業理念發揮效果。更不用說，如果你失敗了也不會有太多人看著。從小地方開始是最佳的學習時機，你能了解你企業真正的本質是什麼，它為何服務、為誰服務。沒有必要急於被人注意，甚至超出你能應付的範圍。

若想創立一人公司，你需要擁抱的想法是，做你現在能達成的事，這通常表示要接受低於你未來理想願景的事。請記住，一開始你會最小巧也最靈活。你擁有較少（或者沒有）的客戶、較少的既定流程，以及較低的知名度。從小規模開始，並以利潤為基礎，衡量有意義的成長，而不是預測成長，能確保你的企業更具穩定性。

我們常常認為需要一切就緒——所有系統、所有自動化、所有程序——才能準備好推出數位產品。在我們達到「發表」的程度之前，我們希望一切都很優雅、很完美。但大部分時候，這種情況不會發生。事實上在多數情況下，等到一切都很完美只會傷害或延遲你的推出。

你不能把你的每個想法，都列在一組「不可或缺」的欄位中，然後帶著它們創業。你會永遠到不了。而且，一旦人們開始購買與使用你所做的產品，你原本設想自己需要的很多東西可能會改變。你真正「不可或缺」的東西，是那些如果少了它，就會讓你的計畫落空的任何東西。例如，如果你的理念是健康護理SEO顧問公司，你的公司第一個需要的就是，徹底了解SEO與其對醫院網站的影響，否則你的理念對醫院毫無用處。但是，當你能在家工作，或是在更便宜的共享辦公室空間工作就夠了，你的顧問公司還需要一間辦公室嗎？如果你大部分的工作往來都在網路上，你的公司需要華麗的名片嗎？如果合約與檔案都以數位方式發送，那你還需要一台印表機嗎？這些都是「錦上添花」的東西，都是可以等你的事業發展起來之後再去做的事。

Crew是我們在第三章討論過的一間公司，它在單一頁面的網站上，從單一形式開始，手動為企業跟設計師與程式設計師進行配對。經過一段時間後，隨著收入的成長，公司能夠創建軟體與自動化，以利配對量的提升。但一開始，Crew幾乎可以立即推出並測試配對服務的想法，以協助公司與合適的自由工作者進行配對。縮小你的計畫，你就能馬上開始，並且把重點放在如何以你現有的足夠資源，立刻為人們提供協助，這就像是一種馬蓋先（MacGyver）企業。如果你的企業只有專業知識，加上一片口香糖、一個迴紋針以及一綑麻繩線球，想一想：我可以用這些東西幫助誰呢？

總之，從小規模做起。從你想法的最小版本開始，並以能實現的方式進行。與其等待（有時候會等很多年）更大的成功，不如利用小成功讓自己往前走。這其實是一種更聰明的起步方式。若能排除「成長等於成功」的思維，你就能更快開始也更快獲得利潤。

如果規模不是目標，那麼目標是什麼？

我們需要重新審視我們跟大格局與成功的關係。質疑成長——或者至少不擴大規模——不等於保持靜態與不變。即使是一間不想成長的企業，也需要不斷的學習、適應以及磨練，因為生活、勞動、設備、材料、旅遊的成本每年都在增加。一人公司並非反規模化，而是他們知道，自己應該確定哪些業務領域需要擴展？何時進行才是最有意義的？規模有時可以創造效率，而數量可以提高利潤率。但是如果企業不懂得自省，規模與數量可能會被追捧為虛榮指標，而不是被當成準確算出利潤的衡量指標。

把成長視為「目標」，或把成長視為「因為銷售好產品而獲得利潤的直接成果」，是兩件非常不同的事。如果把成長當成目標，可能會使你公司的決策更短視，或是導致更高的客戶流失率。但如果不把成長當成目標，決策是以利潤為導向，再讓利潤為你帶來成長，那麼你會更關心該如何繼續為客戶創造更好的服務來獲得利潤——以更好的產品、更好的體驗、更好的支援，並提升客戶成功。這種成長是源於做對事情，而不是因為把成長當成優先任務。

對證券交易所的上市公司來說，由於股東期望看到股票價格不斷上漲，才能有正面投資報酬率，因此公司會面臨壓力。對於有投資者的私人公司來說，亦是如此——它們希望創造報酬，向投資者證明投資公司是個明智的選擇。然而，對大部分公司來說，它們並不需要追逐成長來安撫外部投資者。一人公司只須付給擁有者一筆收入就好。

帕爾迪・古利佐尼（Peldi Guilizzoni）在二〇〇八年成立 Balsamiq 公司，提供網站線框圖（wireframe）繪製軟體。在此之前，帕爾迪是 Adobe 的高級軟體工程師。

Balsamiq 一直是私有、盈利、小規模的公司，且只專注於變得更好而不是更大。它的目標——提供有價值又好用的出色軟體——為它帶來更多客戶與利潤。這種方法跟其他軟體公司不同，其他公司都想獲得更多新客戶，賺得更多利潤，因此只能藉由擴大規模來達成，或有時甚至犧牲客戶滿意度來達成。帕爾迪自己每年拿出一百萬美元，讓公司能保持十八個月的運作（萬一發生什麼不好的事），並把剩餘的錢支付給他的二十五名員工團隊（每年只成長兩人至三人）。雖然他面臨迅速成長的壓力，甚至也有創投願意投資，但他不斷拒絕。對他來說，這種投資無助於他的軟體的改進，只會讓他為了投資者的投資報酬率，想盡辦法成長。他喜歡確保自己沒有企業債務，唯一的截止時間是 Balsamiq 自己定下的。帕爾迪的公司成長的原因，是因為他只想著要做出很棒的軟體。

因為把焦點放在客戶成功與快樂，帕爾迪避開了「立大志」的危險，也拋開了以賺大錢為目標的想法。就連理查．布蘭森（Richard Branson）這樣的商業巨頭也是從小規模開始：整個維珍集團（Virgin）的品牌，是從一本名為《學生》（*Student*）的雜誌開始。Google 最初也只是史丹佛大學的一個研究專案。馬克．祖克柏在成立 Facebook

之初，它的服務對象也只有哈佛的學生。

對於帕爾迪與他在 Balsamiq 的團隊來說，著眼於變得更好而非更大，讓他們沒有壓力，不必在開發軟體時走捷徑。他會把時間花在與客戶的交談上，而不是把時間花在董事會的會議上、或投資者的投售報告上。除此之外，帕爾迪說：「我是義大利人，義大利人以世代來衡量事物，而不是以一季來衡量。」

如果不把擴大規模當成目標，我們就能撥開自己企業與企業理念的外衣，看見它們的本質，發現它們最大的優勢。這是戶外用品與服裝公司 Patagonia 的創辦人伊方・修納（Yvon Chouinard）所持有的觀點。Patagonia 將商業極簡主義當成工作的理想，因此 Patagonia 為它的產品打造了鐵一般的保證書，實質上是終身的退款／更換政策。這個理想也促使修納創立慈善機構——「捐 1 ％給地球」（1% for the Planet），而不是試圖最大化、或不惜一切代價讓銷售成長。Patagonia 甚至以廣告活動告訴人們「不要買這件夾克」，並鼓勵人們修補或回收他們擁有的衣服。

在現有的組織內成長

在許多大公司當中，隨著你職業生涯的發展，你可能被提拔為管理角色，你不需要以你的核心技能組合來工作，只需要管理擁有同樣技能組合的其他人。由於這些公司是以金字塔層級的制度運作，因此晉升會對越來越多人帶來更大的影響。如果一間公司不斷僱用更多員工，就會發生這種情況，因為當其他人晉升時，就需要有人來遞補。

對於以一人公司思維運作的組織來說，情況並非如此。但是，在一間不成長的公司，或是成長緩慢的公司裡，你該如何在職業生涯中取得進步呢？在這種情況下，你能增加自己的影響力與責任歸屬感[16]來實現職涯成長，在這兩個領域取得成就，能使你更專注於你的技能組合。這就是我們先前提到Buffer（在第二章中介紹的）的職業發展方式——是個有趣的混合型組織，同時存在金字塔官僚階層與無領導管理組織（holocracy，一種沒有人管理階層、完全扁平化的組織）。

在現有組織內建立一人公司所需的甚至更少，就像一間公司裡的團隊。雖然這不是我自己的路，但在一間大公司工作確實有它的好處——例如，基本上你不必擔心保險、行政工作，或負擔你的費用。雖然當自由工作者或創業家，有時你會擁有更多總收入，但你必須考慮到你不在大公司工作會有許多開銷，包含辦公室租金、設備、保險，以及較長的銷售週期（你通常沒辦法收費）。所以，如果公司環境可以培養成一人公司的模式，或者這種模式能夠得到支持，許多人就會選擇在目前工作的企業中成為一人公司。我們接下來會看到，這樣做有幾個好處。

Buffer 有七十二名員工，是很合適的規模，它也沒有要讓團隊過度成長的短期計畫。它們認為，若要確定自己的影響力，就要判斷在主題領域上所需要的技術能力有多少。舉例來說，如果目標是能替 Android 裝置編寫程式，你的影響力可以從小範圍開始——例如，有辦法使用 Java（Android 作業系統的主要程式語言）編寫程式。接著它

16 譯註：ownership。原意是擁有權，而工作上的擁有權是一種精神層面的擁有權，當你被指派一項任務或賦予某些決策權時，你是任務或決策權的擁有者，同時也表示你必須擁有承擔責任的態度，並且擁有獨立思考、採取行動、解決問題的能力，因此稱為責任歸屬感。

會隨著你能產生多少影響而成長，就像漣漪一樣。能夠編寫程式完成你的任務，會產生相對較小的漣漪（如果你不會寫程式代碼，你就不會被僱用為 Android 系統的開發人員），而且只有當你能夠產生更多影響力時才會成長。例如，有專業能力能為你的整個團隊在 Android 系統方面做出正確的決定，你的影響力就會成長。你的影響力有可能擴大為全行業（例如，被要求在 Android 活動中發言），你的微小漣漪就變成是巨浪。

職業成長的第二個因素是責任歸屬感。責任歸屬感跟 Buffer 如何將責任分配給每位員工有關。初級程式設計師剛開始在公司工作時，只會被指派要做什麼任務，不會對專案擁有任何責任歸屬感，因為他們只負責工作、學習，以及接受他人的指導。隨著他們職業生涯發展，他們能在團隊中擁有特定專案——並負責這些專案的相關可交付成果。最後，隨著他們事業的進一步發展，他們會被賦予責任歸屬感，負責公司內部所有紀律與其相關成果。例如，技術長需負責全公司所有的科技與程式設計。

凱蒂．沃莫斯利（Katie Womersley）在 Buffer 的職責是管理工程師，她協助提出「影響力」與「責任歸屬感職業」的機制。她是 Buffer 所謂的「人事經理」——負責工程方面的人事決策。在這個模式之下，凱蒂可以在工程方面做出跟人有關的決策，因為她對整個工程團隊具有影響力與責任歸屬感。但在這種組織風格中，工程團隊的成員也可以根據自己的影響與控制範圍，做出相關具體決策——例如，最了解 Android 的團隊成員，可以做出與 Android 相關的具體決策。在這種做事方法之下，不同人負責不同領域。因此，有可能出現這樣的情況：兩位員工一起工作，一位負責一種程式設計，另一個則是輔助，但是人力資源的情況下，他們的角色卻顛倒過來。基本上，會由最合格與最合適的人，為每個特定專案做決策。

Buffer 以這種方式組織公司，目的是為了說明沒有上升限制：不想成長過度而超出工作崗位的員工，可以不需要這麼做。一位喜歡 Android 程式設計的員工，可以只是單純的獲得越來越多 Android 相關的責任歸屬感與決策能力。其他員工可能會選擇成長，以便管理 Android 專案或成為管理人員。Buffer 員工永遠不需要在停滯或領導他人之間做出選擇——他們可以選擇鑽研自己的專業領域，或是選擇在公司外部為自己在專業領域上建立知名度，以擴大自己的範圍（然後得到收穫）。

這正是你在大型一人公司中的成長方式，或是一間大型組織如何運作得更像一人公司的方式。

開始思考

- 你該如何以現有客戶為重，或將他們變成回頭客？
- 你的企業理念的最簡版本就是現在能行動的版本，而且很少或幾乎不需要投資。
- 你想要如何發展你的事業，或者如何成為一位可以避免換到根本不想做的職位上的員工？

第2部

定位一人公司

高中時期，我是會被每個人欺負的孩子，我每天都被拿來取樂，或是有人會慫恿我打架。因此我認為「個性」是我最脆弱的部分，並盡可能想隱藏它。直到多年後——當我調查一萬多名客戶，詢問他們為什麼會購買我的產品時——我才意識到，我的個性是客戶決定跟我、而不是跟別人購買產品的首要因素。

我不是一開始就對成為網頁設計師、作家，或開辦線上課程有很大的熱忱。但當我把相關工作技能磨練到有人需要我的地步之後，機會便慢慢發生。一旦我花很多時間做這些工作，越做越好，我對這些工作的熱情就隨之而來。當我能證明有人願意為我所做的事付錢時，我才完全轉身投入一人公司。

第5章 確立正確的思維模式

不管一人公司只有你，或它是大組織的一部分，有了更大的自主權，也會有更大的責任去做你所期望的工作。你看待工作的方式，會影響你完成工作的方式。

若想成為成功的一人公司，你必須有一個真正的潛在目標。你的**理由**是推動你企業的重要元素，它雖然無形但卻始終存在。你的目標不僅僅是你網站上動聽的企業宗旨說明，而是你企業本身的行動與表現，有時候甚至更是在你企業利潤之上的要事。

隨著越來越多消費者都在進行與共享價值[17]相關的購買（甚至超過價格），企業應該跟自己真正的目標保持一致，包含如何在供應鏈上進行每一步行動、如何向潛在客戶行銷與推銷，以及如何支援自己的產品與服務。一人公司察覺經濟價值與共享目標不一定是互斥的。它們可以推動銷售，也可以確保可持續性。

Patagonia的創辦人伊方・修納認為，他的公司之所以有成功，主要是因為這是一間「有責任感」的公司。生態環境保育與永續發展的共享價值觀，引導了這間公司做生意的方式。包含如何僱用與培訓員工，為什麼從創業以來就有現場日間托兒所服務，為什麼它們共同創立「捐1%給地球」慈善機構等。這種作法可能跟許多服裝公司的經營方式背道而馳，但Patagonia的目標是減少服裝生產，讓服裝更耐用，並抵銷服裝帶來的社會與環境代價。由於Patagonia的目標跟它的受眾產生共鳴，因此它生產的有責任感的服裝能收取更高的價格。此外，在二〇〇八年至二〇〇九年經濟衰退期間，「捐1%給地球」中的前五大公司，銷售量反倒創下年度紀錄，但當時大部分的其他公司都處於虧損。在經濟繁榮的時期，人們會樂於購買跟他們價值觀相符的產品，但在經濟低迷時期，他們花的錢比較少，也會選擇跟他們尊敬與信任的公司做生意。所以無論哪種情況，有目標就是勝利的一方。

17 譯註：共享價值（shared value）是指，處理社會的需求與難題時，不但創造經濟價值，也為社會創造價值。

代代淨（Seventh Generation）是另一間圍繞目標建立的企業——以至於目標是它們名字的一部分：它們考慮了它們創造的每個產品，對未來七個世代會產生什麼影響。這個目標促使它們創立以植物主、無毒的清潔用品公司，並成為一間B型企業（〔B-corporation〕，是通過嚴格的社會和環境績效、責任，以及透明度等標準認證的企業）。這個目標為代代淨帶來幾方面的益處：它們吸引到年輕的員工，這是它們可能沒想到的事，**嘿，我畢業後想在一間居家用品公司工作！**它們也在大部分的人本來不會談論的市場上，透過口碑行銷建立了吸引力。它們以行動來體現它們的目標，而不只是把目標當成行銷工作——它們鼓勵員工與客戶用繩子晾乾衣服，即使它們也有賣烘衣機使用的除靜電紙，這麼做可能冒著產品銷售減緩的風險。代代淨的目標不僅為它帶來客戶，還帶來了實質收入，客戶覺得它們的產品很好，公司也創造大約二．五億美元的收入。在二〇一六年，聯合利華（Unilever）買下代代淨，希望能真正保持它的目標。

你的目標就是用來過濾你所有商業決策的鏡頭，包含很微小或非常大的決策。我們談論的是你和誰一起工作、你提供的是什麼、你的時間與精力焦點在哪裡，或甚至你如何確定你的受眾。要決定出一個能夠支持你的一人公司的獨特目標，並不是快速或簡單的過程，也沒有試算表可以計算出一些數字或跑出答案。若想確定你的目標，就必須確實釐清你自己的期望與你想服務的受眾。畢竟，做生意歸根結底就是以互利的方式為他人服務。客戶會付錢給你、感激你，並且分享熱情，而你將自己獨特的技能與知識運用到你賣的東西上，替他們解決問題。

維珍集團的創辦人理查‧布蘭森為目標做了一個很好的總結：「事業上的成功不再只是賺錢或升官。目標已經逐漸成為其中一項最重要的成功指標。」

如果你的企業和你的目標完全一致，那麼即使在困難時刻，你也會更有動力堅持下去，你的員工人數會減少，因為員工來上班時不會把自己的價值觀留在家裡，而你的客戶會變得更忠誠，也會保持忠誠。你的目標也會成為你所有企業決策的試金石，讓你能在工作的所有領域做出明智、迅速，以及更有信心的選擇。

如果你不思考自己的目標就建立你的企業，會發生什麼事呢？如果你只關心獲得什麼與更高的利潤，會怎麼樣呢？這些活動肯定看起來更有價值。但是，當我們越是忙於工作，沒有在一開始就思考為什麼我們做這件事，我們就越有可能意識到（往往為時已晚），面對我們非常努力建構的事物時，我們其實並不樂在其中。如果你是建立你的一人公司的人，那麼當事情無效的時候，你也必須重建、改變它。先從確立你的目標開始做起會更容易，以確保目標與你企業的方向一致（或仍然一致），即使只是快速的檢查。

約翰．科特（John Kotter）與詹姆斯．海斯科特（James Heskett）在他們的著作《企業文化與經營績效》（*Corporate Culture and Performance*）一書中指出，以目標為導向（purpose-based）、價值驅動（values-driven）的公司，在股票的表現上優於同業對手十二倍。他們發現如果企業沒有目標宗旨，管理層會更難凝聚員工以提高生產力，也很難串起客戶與公司之間的關係。他們長達十年的研究表明，目標創造的整體正面結果遠遠大於我們原本對它的預期。

無論你是《財星》雜誌五百大企業的執行長，或是自由工作者，你的目標就是推動你成功的來源，也是你對成功的定義。與其說你做了什麼，不如說你如何做又為何做。你的目標就是讓你的價值觀付諸行動。舉例來說，美國大型連鎖藥局CVS停止銷售菸草製品，因為香菸——以前對藥品連鎖店來說，是價值數十億美元的收入——

跟它們的經營目標不符，它們想幫助人們走向更健康的路。

確立你的目標其實更關乎你的個人價值觀與道德觀，而不是跟商業計畫或行銷策略有關。你不能偽造你的目標。你的直覺和你的客戶不會讓你這麼做。你應該思考，究竟為什麼要這樣做？依據你的目標經營你的企業，你會得到更多的享受與滿足感。如果你沒有感受到你跟你的目標有緊密的關聯，那麼其他人自然也不會感受到。

如果沒有目標，就違背了一人公司的運作模式，因為缺乏目標會讓你只關心短期收益，而忽略長期的可持續性。若把每季的利潤成長當成你成功的唯一因素，你可能就會忽視客戶的幸福與成功（這是我們從上一章學到的，如果你這麼做就得自負後果）。「不惜一切代價追求成長和擴大規模」是個有問題、過時、且未經證實的模式，它忽視了研究告訴我們的事實——成長與擴大規模帶來的危害。

鑒於 Patagonia、代代淨，以及其他許多組織機構的成功，很顯然對利潤不感興趣的企業來說，目標並非單純只是一種空洞、新潮的模式。根據哈佛商學院教授麥可·波特（Michael Porter）與社會影響力顧問公司 FSG 共同創辦人馬克·克雷默（Mark Kramer）的研究發現，若目標採用「共享價值」的方式，對公司會產生正面的經濟影響。

它們可以藉由重新思考如何生產與銷售產品，並重新定義生產力對員工而言代表什麼（重視他們的休息與幸福，且防止過度工作），讓自己的企業跟自己的價值觀保持一致，也跟客戶在意的事保持一致。

一個整體性、共享的目標能讓一人公司找到真正的方向，使決策制定的進行更容易，團隊成員的保留率更高，並且跟客戶之間的關聯更緊密。

當熱情成為問題

目標與熱情是完全不一樣的兩件事。

目標是來自一間公司、或甚至來自企業所有者抱持的一套核心價值觀，也是與客戶共享的目標，但熱情只是來自我們認為自己喜歡做某件事情的一時衝動。我們都應該「追隨我們的熱情」這種陳詞濫調的商業建議，代表我們有資格做那些永遠讓人覺得愉快的工作，並以此獲得報酬。

二〇〇三年羅伯特．瓦勒蘭（Robert Vallerand）對魁北克大學（University of Quebec）的大學生進行了一項研究，後來被廣為引用，這項研究發現這些大學生對體育、藝術以及音樂的熱情，高於他們正在學習的任何事情。但很不幸的是，在所有工作中，你只能找到3％的工作是跟體育、音樂以及藝術行業相關。而且，無論你怎麼努力，並不會只因為你熱愛網球，就代表你可以成為下一個小威廉絲（Serena Williams）。事實上，「追隨你的熱情」是不負責任的商業建議。

芭芭拉．柯克蘭（Barbara Corcoran）是一位房地產投資者，也是美國熱門的真人秀電視節目《創業鯊魚幫》（*Shark Tank*）中的「鯊魚」，她說她不會跟隨自己的熱情，這是她在努力工作時偶然發現的事。她的熱情是在她努力工作之後才產生的——是努力工作的結果——而不是相反過來。科爾科蘭在節目中以精明的務實思想聞名，她說專注於解決問題比熱情更重要。她之所以能夠在節目上展示經過適當評估的新商業計畫，是因為她專注於解決問題。

當你專心的在解決問題或做出改變時，熱情可能也會隨之而來，因為你確實投入在你正在做的工作當中，而不是想像著你可能對某件事充滿熱情。暢銷書《深度職場力》（*So Good They Can't Ignore You*）的作者卡爾．紐波特（Cal Newport）認為，熱情是精通一件事之後意外的連帶結果。對紐波特而言，把「跟隨你的熱情」當成一種職業策略，本質上是有瑕疵的，因為它沒有描述大多數成功的人是如何獲得備受矚目的職業生涯，因此當你的現實未能達到你對事業充滿熱情的夢想時，就會導致你的焦慮與長期轉換工作的情況。紐波特認為我們應該成為工匠，專心去思考該如何不斷精進我們對自己技能的掌握度，才能為公司與客戶帶來更多價值。工匠的思維可以讓你專注於你能為世界提供什麼，而熱情的思維則是專注於世界能給你什麼。

太多人都認為有意義的工作或想法是因為先有熱情。根據牛津大學威廉．馬卡斯基爾（William MacAskill）的研究表明，從事工作可以幫助你培養熱情，但反之則不然。這種工作會把你吸引住，保持你的注意力，並且讓你處於心流狀態（sense of flow，當你集中精神在工作時，你會忘記時間）。有吸引力的工作由四項關鍵因素組成：定義明確的工作、你擅長的任務、績效回饋以及工作自主權。

儘管如此，無數的書籍、部落格、以及商業界領袖都會不斷告訴你，若想要擁有快樂、有意義的生活，關鍵因素就是找到勇氣去追隨你的熱情。這個呼籲很誘人，尤其當你發現其他人拋下他們朝九晚五的生活，一頭栽進他們的熱情，最終也能獲得成功。

但多數成功的商業人士在進行主題演講時，當他們在分享他們有多麼明智，選擇投入更充滿熱情的工作生活時，我注意到他們沒有談論到兩個關鍵因素。第一，他們在投入之前就對他們自己所做的事很熟練——熟練到如果他們跳到某些不確定的新事情上，他們也能做得夠好，他們仍然可以順利往前。更不用說他們躍躍欲試的東西，完全是建立在他們目前使用的技能基礎上，而且這些技能非常搶手。在他們成功「追隨他們的熱情」的描述中，第二個遺漏的關鍵因素是，他們在攀登到最高的舞台之前，他們能夠先跨出一小步，為自己即將跨出的一大步試水溫。大多數演講者忘記提到他們不是隨便就突然改變，而是他們先做了一個小改變，以確保他們能夠順利（也就是說，他們會確保他們提供的東西有足夠的需求），而不是一旦他們不小心落水就淹死。

綜觀我自己的職業生涯，我可以說，只有當那兩個關鍵因素存在時，我才得以順利改變過去二十年我所做的工作類型。

我是在一間公司成為搶手的設計師後，才開始自己創業做網頁設計。我在當員工時累積我的技能，直到我辭職時，那間公司的客戶也想和我一起離開。如果我沒有這麼做，我甚至不會開始為自己工作（我會創業只是因為客戶在我辭職後打電話給我，說他們想把自己的案子移到任何我去的地方。）事實上，我並不熱衷於網頁設計，或甚至對自己創業也沒有熱情。我之所以有勇氣創業，只是因為我有一小份公司名單，這些公司願意從我創業開始就付錢給我。

當我開始銷售線上課程時，同樣的因素也存在。我利用多年來身為設計師所累積的技能開設相關課程。在完全轉而投入這項產品之前，我經歷了幾年的過渡期，一直等到我確定銷售這些線上產品可以讓我賺到足夠的錢，才完全投入其中。

相比之下，當我在一九九〇年代首次嘗試轉換跑道成為商業顧問時，因為我沒有累積任何相關技能，因此幾乎沒有客戶上門。當時我很年輕（也很天真），我認為因為我設計了幾個網站，就了解所有企業是如何運作的。顧問服務似乎比設計網站有趣多了，因此我鼓起勇氣開始推廣這項服務。問題是，我的設計師旅程才剛起步，我根本還沒有累積到足以為其他企業提供顧問服務的必備技能。

總之，當時我的商業技能沒有什麼市場需求，甚至完全沒有先測試過是否有人願意買單我的產品，就花了大量時間更新我的網站來推銷產品。後來，直到我擁有多年經驗之後（包含跟客戶合作與經營自己的公司得來的經驗），我才有辦法做好商業顧問服務。

當我在沒有測試是否有任何需求的情況下，就嘗試轉換跑道到我熱衷的事情時，同樣的事情發生了。幾年前，我創辦兩間軟體公司，不是一家。是的，我是這兩間公司的設計師，這是我累積與創造需求的技能，但我沒有先確定財務上是否可行，就創立了兩間公司。我與合作夥伴一起工作了幾個月、又幾個月，我們甚至還沒證實有任何人願意付錢就創造了產品。兩間公司終究——悲壯的——失敗了。

我不是一開始就對成為一名網頁設計師、作家或線上課程創設者有很大的熱忱。我甚至沒有勇氣一頭栽進這些工作中。不過在我把我的相關技能磨練到有人需要的地步之後，機會便慢慢發生。一旦我花很多時間去做這些工作，然後越做越好，我對這些工作的熱情就會隨之而來。接著，當我能證明（主要是向自己證明）有人會願意為我所做的事付錢時，我才轉身完全投入這些事。相較之下，當我在二十多歲試圖成為一名顧問的時候，還有當我試著創立兩間軟體公司時，因為我還沒有透過這些努力磨練好所需的技能，所以我完全失敗了——加上這些技能確實沒有市場需求，而且我也沒有證明有任何一個人會買單。

當然，「勇氣」與「熱情」聽起來比「技能」與「可行性測試」更好聽、更浪漫。如果你想跳傘，或者你想培養嗜好，像是彈奏烏克麗麗，那麼擁有勇氣與熱情是很棒的。但是，當你的生計受到威脅時，「有勇敢」和「追隨你的熱情」就應該擺在次要位置，你應該優先運用你能逐步建立能有效獲得收入的技能。

這似乎是個令人沮喪的消息，但事實並非如此。值得慶幸的是，你不必浪費時間去找出你對什麼事充滿熱情，也不必期望有一天你能找到你內心的勇氣，全職投入你的熱情所在。熱情與勇氣幾乎無法控制，它們也可能很容易讓你覺得自己很糟。單純的在有需求的領域上努力把事情做到非常好，探索這些技能如何應用到其他領域，並用小方法測試你的想法，看看是否有人願意買單，這反而是更容易做到的事。

另一項針對大學生的研究，是由心理學家傑佛瑞·阿奈特（Jeffrey Arnett）所主持。該研究發現，大多數研究生希望自己職涯中的工作，不只是一份工作，而是一次冒險。問題是，大多數受試者覺得自己有資格從事有意義、充滿新鮮事的工作，但沒有義務投入時間與精力去掌握所需的技能組合。這道理就跟自主權一樣，它是透過掌握技能與擁有解決問題的能力來實現的，熱情也是如此。熱情不會在掌握技能之前發生，而是隨著掌握技能之後而來。

有一些員工、團隊成員，甚至是企業主，他們會只因為自己的出現，就覺得別人欠他們某些東西，這種感覺是令人難以忍受的。在一間大型跨國公司經營人力資源部的琳達．海恩斯（Linda Haines）說，許多被提拔的人認為他們永遠是贏家，不管他們相對的努力、優點、或技能如何，他們都覺得自己享有升遷的權利，只因為他們出現在辦公室。這種權利感帶來的缺點是，它會使團隊內部產生問題，或是在跟客戶打交道時產生問題，他們通常會拒絕回饋，高估自己的才能與成就，對團隊忠誠度或目標忠誠度很低，並且傾向於責怪他人甚至客戶的錯誤。這些認為自己有權力的企業主與員工，會很難適應具有挑戰性的情況，這跟一人公司的彈性特徵正好相反。

有趣的工作（而非有權利獲得的工作）可以是任何事情，從收集垃圾、提供咖啡、指導富豪，到成為大企業內部的一人公司都是。就這樣。雖然誰也不該告訴我們不要追求熱情，但我們也不能單純的認為自己有權利靠熱情賺錢。如果你被你的工作所吸引——因為它帶來了獨立自主權，因為完成它後你獲得勝任感，因為它的貢獻讓世界變得更美好——你的熱情也可能隨之而來。熱情不是創造成功的催化劑，更多時候是成功之後發展出的結果。將採取行動與工作當成創造動力的第一步，當你沉浸並享受在你的工作過程中，這種動力就會發生，而不是可能的結果。

重點是：你可以追求任何你想要的熱情，但你不應該覺得自己有資格從中賺錢。工作的熱情來自先打造有價值的技能組合與掌握你的工作。這是個好消息，因為這意味著你不再需要因為沒有找到真實、隱藏的熱情而自責不已。相反的，你只需努力工作就好。

真正的機會成本

把你的思維模式跟一人公司的思想一致化到最後一部分就是，學習處理機會與義務帶來的襲擊和壓力。

如同我們應該質疑收入與員工的成長，是否會讓事情變得更好、或只是變更大而已，我們也必須質疑，排滿行程、更忙碌的生活是一種更好的生活這種想法。

機會只是戴著迷人的面具的義務。抓住它們可能會有好結果，但好的結果總是要付出代價——時間、注意力或資源等等。無論你多麼努力，你也沒辦法改變一天的時間長短。既然你不能以某種方式買到更多時間，那麼你就需要找到更好的方法來利用這些時間。

說來奇怪，直到一九五〇年代為止，「優先事項」一詞在英文中幾乎都是單數形式priority，直到後來，有能力處理多重任務是個好主意的誤導信仰成立，「優先事項」變成複數形式priorities。即使有許多優先事項對我們的生產力有很大的影響（與傷害），我們現在依然錯誤的認為，我們必須有許多優先事項與多重任務，才能在事業上取得進展。一人公司的其中一項關鍵特徵，就是在事物發生時儘快完成，因此生產力是必須的。微軟研究院（Microsoft Research）進行的一項研究發現，嘗試一次專注於一個以上的優先事項，會讓生產率下降多達40％，這在認知上相當於熬夜。惠普公司（Hewlett-Packard）的研究發現，被電子郵件、電話或簡訊打斷的員工，智商會降低十分以上——這是吸食大麻影響的兩倍。

最佳暢銷書《取消訂閱》（*Unsubscribe*）的作者約瑟琳．葛雷（Jocelyn Glei），她很喜歡藉由排除干擾來完成更多重要的事。目前她為自己工作，以前她是《*99U*》創始編輯與負責人，所以她同時擁有領導自主團隊和領導自己的經驗。在生產力方面，她認為主要的差異是動機與動力。在高度運作的團隊中工作，你自然會讓其他成員完成你的一部分專案，並專注於自己的部分，以推動事情向前發展。當你是沒有團隊或員工的一人公司時，你必須創造自己的動力與動機去完成工作。你可以自己安排時間表、管理義務，並且避免分心。

一人公司需要很擅長「單一任務處理」（single-tasking）——在一段時間內不分心的做一件事。這種能力能助你專注於正確的任務、更快完成任務，且壓力更少。加州大學（University of California）資訊學系教授格洛麗亞・馬克（Gloria Mark）發現，每一次的任務中斷，平均需要二十三分鐘又十五秒才能完全再回到任務上。干擾越低意味著工作得越快。

許多大型組織機構最近改變了運作方式，它們採納初創公司的精神，更扁平化的階層制度、開放的工作空間、給每個團隊成員多項專案，甚至是非同步通訊（像是Slack）。在這樣的工作環境中，員工不再覺得他們在工作中有一項單獨的任務要完成，他們必須自我管理自己的許多職責與時間。即使這些特徵是在一間大企業中成為一人公司的一部分，我們也需要剖析發展這種自主權有何含義，以及如何做到最好。

為了在更大的團隊中管理自己，你必須善於向他人表達你的工作量。可能有好幾位團隊成員，或甚至多位管理者，會相互爭奪你的工作時間的空檔。即使當你為自己工作時，多位客戶或消費者也會同時需要你的關注。如果你沒辦法好好處理這些需求，你會變得過度勞累、壓力很大，而且無法工作。處理好這些問題，需要時刻保持警覺，也要有能力在事情進行之後，向他人傳達結論，例如新專案、會議、電話會議以及報告等。

葛雷認為，即使沒有完美的答案，你也必須堅持保護自己的時間表與工作量。如果你不能完全掌控你自己的時間表——例如，如果有人告訴你，你在工作中應該做什麼，你就必須學會解釋你目前的行程表是什麼，需要刪除哪些任務或責任，才能為其他需求騰出空間。你也需要考慮每天忙碌的工作，可能會消耗掉比你想像中更多的時間。有上百封電子郵件和上千則 Slack 訊息要回覆，還有五個不同的經理等著你報告，你可能只剩下很少的時間可以做你的核心工作。因此，向需要占用你時間的人表達，哪些事你能做、哪些不能，是很重要的事。每日例行會議不能被納入已經滿檔的行程表。如果你讓自己每天八小時的工作時間，都處於隨時有空可以閒聊的狀態，你會沒時間做聚焦、深入的工作。

由於我們大多數人甚至不知道日常工作維護占用了多少時間，所以葛雷建議每年進行一次或兩次生產力審查：用一週或兩週，記錄下你做什麼工作，花多長時間，以及較大的干擾是什麼。有了這個記錄，你可以更適當的重新分配你的時間，甚至建立一個「禁止做」（stop doing）的清單——像是遠離社群媒體，放棄每日例行會議，或者可以聊天一小時而不是八小時。

Basecamp的共同創辦人、暢銷書《工作大解放》（*ReWork*）的作者傑森・福萊德（Jason Fried）說，管理者的工作就是保護團隊的時間與注意力。許多企業員工每週最終工作六十至七十小時，因為標準的四十小時中，很多時間都被干擾的事所占用。福萊德認為，正常的行為應該是，每位員工每天應該擁有不被干擾的八小時工作時間。公司與管理者應該對這段時間的需求很少，而當他們有需要時應該提出需求，除非是重大的緊急事件（例如公司軟體的伺服器當機），否則不該期望立刻得到回應。

藉由將會議與干擾維持在最低限度的作法，福萊德發現他的員工更喜歡他們的工作，可以更周全的思考工作，並且花更多時間來解決公司重要的問題。這不僅降低了新員工的流失率與培訓（因為很少需要），甚至還增加了企業每年的利潤。

Basecamp也不允許任何階層的員工彼此共享行事曆。如果行事曆上沒有任何內容，共享行事曆就很容易被其他認為你有時間的人濫用。事實上，他們在自己的行事曆上留下空白時間，可能是為了專心做自己的工作。

身為一人公司，你很容易因為一天內沒有完成足夠的工作而精神上自責。但是在做你的核心工作與管理你的企業之間，你是否經常考慮到，每天能擁有一整天不受干擾的時間，好好坐下來工作，這樣的次數有多稀少？你可能沒有意識到，你行程表上有多少時間是用於維護工作或溝通。

為了解決這個問題，我每年都會從面談、電話，以及會議中空出幾個月的時間，在不受干擾的情況下去創造新產品或寫書。因為我斷絕了自己跟他人的交流與可用的空檔，因此能有效率的從事深入且聚焦的工作。另外，分批處理類似任務的方式，讓我能夠以更短的時間完成更多工作。例如，我在星期一和星期五不跟其他人交流——沒有會議、電話、面談或社群媒體——我可以寫東西（寫作或編寫程式碼）；我大部分的電話都集中在星期四。如此一來，如果我在星期四做的所有事都是開會與面談時，我就不會覺得很糟，因為那些事是我那天唯一的重點。週末我也很少工作超過一小時，所以我可以充電，並享受工作以外的生活。

也許在新創與企業文化中，非常流行營造忙碌的形象，但是我們越忙碌，我們在解決一人公司需要解決的問題時，思考與創意的空間就會越小。《匱乏經濟學》（*Scarcity*）一書的作者，哈佛大學經濟學家森迪爾・穆蘭納珊（Sendhil Mullainathan）與普林斯頓大學（Princeton）心理學家艾爾達・夏菲爾（Eldar Shafir）得出的結論是，當我們缺乏時間、忙到無法思考，以及費勁的管理我們的義務時，我們會做出糟糕的決定。哪怕我們每週只花幾個小時的非計畫時間，我們也可以為企業的實際運作制定一個全面性焦點或策略。

在工業革命之前，工作占據了人們所有醒著的時間。每個人不是在睡覺、吃飯，就是在工作。汽車製造商的老闆亨利・福特（Henry Ford），他在一九一四年開始在他的工廠實行八小時輪班制。他是早期宣導應該把一天的時間分成三分（工作、睡眠、家庭）的宣導者，但他這麼做並不是出於無限的慷慨，而是因為他意識到（據說），他的員工需要閒暇時間，出去買更多的消費品。在許多公司都效仿之後，我們最終得到一個傳統觀點，即每週需要工作四十小時。不過有趣的是，任何任務都會占用我們給它的時間。所以，如果我們每天給自己八小時的工作時間，我們的工作就需要花費八小時，如果我們任務花的時間少於八小時，我們通常會用忙碌的工作來填滿大部分的「額外」時間。然而，如果我們重新界定我們該如何運用時間，我們就可以開始弄清楚，每項任務需要花費的時間實際有多長。或許我們每天只需要四小時就能完成我們的工作。

身為一人公司，你享有自己時間表的所有權，也享有自己安排工作時間長短的所有權，你可能因為需要完成大量任務，以保持你的企業運作，而工作負荷過重。來自史丹佛大學的研究員約翰・彭卡維爾（John Pencavel）說，如果你開始用體力來定義你的生產力，你會發現你的專注力在每週五十五小時後會急劇下降。所以，在你的時間表上增加更長的時間是不會有成效的。獲得總是忙碌、總是工作的社會榮譽勳章，並沒有任何回報，只有炫耀的權利。它在一人公司的思維模式中也沒有容身之處。你應該炫耀的是，知道如何更快、更有效率的完成你的工作。

如同公司的成長應該受到質疑一樣，忙碌的時間表也該受到質疑。有多少機會是我們真的必須說「好」的？通常，用堆積如山的工作來獲得成功，就會付出我們的健康、我們的人際關係，甚至我們的生產力做為代價。或許我們該為我們具體的時間表確定何謂「足夠」，然後毫不留情的堅持並維護它。

開始思考

- 你企業真正的目標是什麼？它是否反映在你的行動上，而不是只出現在你的行銷素材中。
- 你所掌握並且有市場需求的技能是什麼，還有哪些地方能運用此技能？
- 你可以在哪裡先小規模測試職業上你想跨出的一大步改變？
- 你該如何調整你的一天／時間表，以專注於單一任務處理？

第6章 個性的重要性

在高中時期，我是會被每個人欺負的孩子。我每天都被拿來開玩笑，或者有人會慫恿我打架。我認為我的個性是我最脆弱的部分，並試圖盡可能的隱藏它。

直到多年後——當我向一萬多名客戶發送一項調查，詢問他們為什麼會購買我的產品時——我才意識到，我的個性是客戶決定跟我的企業購買產品、而不是跟別人買的首要因素。當他們想購買我的產品時，即使其他地方有提供類似產品或價格更低，他們還是會特別想從我這裡購買。

這幾年我發生什麼改變了？我的個性並沒有變。我依然是笨拙又容易激動的書呆子，就像我高中時期一樣。改變的是我漸漸可以跟別人分享我的真實面貌，並且戰略性的利用我的差異。一旦「真正的我」成為我行銷與銷售的一部分，越來越多人開始對此做出回應。當然不是每個人，但是有夠多人開始關注我的工作，並成為我的客戶。他們喜歡我是個笨拙的怪胎。他們因為我的個性而信任我，因為他們之中也有很多人都是笨拙又容易激動的書呆子。

個性——真實的你，也就是被傳統商業教導而隱藏在「專業化」外衣底下的你——是你成為一人公司的時候，在競爭環境中的最大優勢。更棒的是，雖然技能與專業知識是可以被複製的，但複製某個人的個性與風格幾乎是不可能的。尤其是在一人公司，你不是你的利基市場中的最大參與者，也可能不是最便宜的，利用你的獨特並堅持某些事，這可能正是你贏得客戶注意力的方式與原因。

無論你的一人公司規模大或小，都需要具備個性。你的人性特點，是你的品牌說話與表現的方式。例如，哈雷機車（Harley-Davidson）是一個暗示叛逆的品牌，而Snapchat則跟年輕和新鮮有關（雖然稱它「年輕和新鮮」可能透漏了我不年輕也不新鮮）。如果你沒有思考你企業的個性，你的受眾就會為你指派一個——因為人跟人之間是有關聯的，而你的受眾在看到你的品牌時，會想跟你的品牌建立關聯。

身為一人公司，你的品牌應該要非常能代表你自己某些獨特的一面，同時也要考慮你的目標對象。Marie Forleo International 創辦人瑪莉．傅萊奧，她以她獨特的個性為中心，經營一間八位數的商業培訓公司。一開始，她擔心在影片與寫作中呈現出古怪的自己，因為當時在商業界並沒有被視為常態，甚至在其他領導人（她渴望能建立連結的領導人們，就像是歐普拉）的世界裡也一樣。不過有趣的是，她的受眾跟她的古怪有非常強烈的關聯，而且當她的平台在一九三個國家成長至超過二十五萬名用戶時，她不僅出現在歐普拉的節目上，歐普拉還稱她為下一代的領導者。

你想讓你的品牌散發什麼感覺？堅韌？成熟？激動？真誠？奢華？優秀？

蘭德．費希金說，新成立的公司通常會承襲創辦人的內在性格，接著才是外在。因此，個性甚至創造且影響了公司的文化。

查理．畢克佛（Charlie Bickford）是英國一間小型製造商 Excalibur Screwbolts 的創辦人，他發現讓自己的企業維持小規模，員工與客戶會更容易看見他對品質與個人服務的承諾。查理在七十四歲時，仍會接聽客戶的電話。他藉由維持小規模的經營模式，維護公司的誠信，也把他自己獨特的個性呈現在品牌上；相比之下，他的眾多競爭對手都在爭相奪取市場份額。Excalibur 一直堅持於——即使整個行業複製了他的螺栓固定科技——以私人接觸與卓越服務為基礎，專心建立品牌個性。這些關鍵因素讓查理在小規模的情況下表現得很出色，也讓他獲得一系列令人印象深刻的專案，包含亞特蘭大的奧林匹克體育場，和瑞士的聖哥達基線隧道（Gottard tunnel）[18]。

品牌個性（brand personality）需要培養雙向關係——不只關心你的企業如何從他人身上受益、或獲得某些東西，也要關心他人如何從他們跟你的企業建立的關係中受益。不要以「扮演的角色」混淆你的品牌個性——相反的，理想方法是展現出你自然的一面，因為這關係到你是否能吸引到你的目標受眾。例如，查理一直專注於創造真正高品質的產品，因此他的公司展現出努力工作的個性面。

注意力經濟

紐約市的公共關係（public relations）專家史特夫．魯貝爾（Steve Rubel）說，注意力是任何人能帶給企業的最重要貨幣，而注意力比收入或財產更值錢。在資訊時代——世界上的每個知識，幾乎可以立刻從放在我們口袋裡的電腦取得——大量可學習、閱讀、聆聽、或觀看的知識，會造成注意力匱乏。各地的每間企業都需要一部分的注意力，無論是線上還是線下。

新的「注意力貨幣」（attention-as-currency）可能源於工業革命以來世界發生的變化，導致賣家制定了所有的規則。現在，由買家決定他們需要什麼、以什麼方式，以及何時需要。如果買家對一位賣家不滿意，買家就會上網發布他們的不滿，有時他們的影響範圍甚至超過賣家。舉例來說，當部落客安柏・卡恩斯（Amber Karnes）推文發布消息說 Urban Outfitters 偷了一位獨立視覺藝術家的設計，她的言論很快被其他帳戶轉發，總量高達一三〇萬名追蹤者，之後又被《赫芬頓郵報》（*Huffington Post*）拿來報導，導致 Urban Outfitters 在幾小時內失去一萬七千名追蹤者（無疑對它的品牌產生持續性的負面影響）。正如我們在第十章會看到，當信任被打破時，注意力會立刻消失。

哈佛大學心理學家丹尼爾・吉伯特（Daniel Gilbert）與馬修・柯林沃斯（Matthew Killingsworth）針對來自八十三個不同國家、不同年齡、不同社會經濟地位的五千名受

---

18 譯註：世界上最長的鐵路隧道。

測者進行研究，他們的研究發現，人的心思不會一直集中在我們當前的任務上，其中46.9%的時間可能會恍神。如果我們對自己所做的事都已經這麼不專注了，那麼企業怎麼能期望獲得受眾長時間的注意力，長到足以讓它們把一個人變成客戶呢？或者甚至只是獲得人們的注意力，就能再注意到它們的公司呢？

換句話說，一人公司如何以「更少也能更好」的經營理念，抓住盈利與發展所需的注意力呢？

根據暢銷商業作家莎莉・霍格茲海德（Sally Hogshead）的說法，答案是培養魅力——對一個人或企業的強烈著迷與關注。她以十四種語言出版這個主題的研究，十多年來涵蓋超過十二萬五千多名參與者。莎莉所觀察的是企業與人們如何利用注意力勝過他人。藉由衡量世界如何看待我們，她能確定我們該如何吸引到自己理想的客戶。

莎莉認為關鍵是別讓人覺得乏味。也就是說，你必須學會如何讓人對你的企業、你的品牌個性產生強烈的情感反應，因為人們要忘記資訊很容易，或者對資訊失去興趣也很容易，但要忘掉強烈的情感卻很困難。你可以讓你的企業，擁有你某方面天生的個性或怪癖來做到這一點。產品或服務的魅力能建立情感聯繫，情感聯繫可以維持注意力。

莎莉匯整了一個人格測驗作為她的研究結果，共有二十八道題目，這個人格測驗不是用來解釋你如何看待自己，而是解釋世界如何看待你。基於學術上的好奇心，我參加了這個測驗，結果顯示我是個「煽動者」。這似乎很正確，也很符合我展現自己品牌個性的方式：我不喜歡當局與維持現狀，喜歡嘗試新的逆勢商業理念。這種個性滲透在我的寫作、我的產品銷售頁面，甚至在我接受的播客採訪當中。所以我透過以自己的想法激發他人的方式，在我自己的受眾中建立魅力。

在一次莎莉與瑪莉．傅萊奧的面談中，她談到大公司在它們市場上的趨勢是成為香草冰淇淋——它們展現出普遍能接受的個性，但平淡無味。對一人公司來說，香草口味是沒辦法讓你或你的工作脫穎而出的。一人公司必須成為它們市場上的開心果冰淇淋。無論好壞，人們要不是非常喜歡開心果，不然就是無法忍受它的味道與它奇怪的綠色。對它的忠實粉絲來說，開心果非常與眾不同，他們會把注意力放在上面，而且能收取溢酬。像是Excalibur Screwbolts和它的產品，或像是瑪莉發揮她的個性，在她的影片中以許多椅子舞和有趣的故事吸引觀眾。這些全都是藉由利用且彰顯個性，而非回避個性來獲得注意力的例子。

當你展現出讓你有趣、獨特、怪異、與眾不同的東西，並以此交流時，魅力是對此的回應。當你開始理解世界是如何看待你的企業時，你可以透過突顯你自己的特質來放大這種理解。當你戰略性的承認並利用你某方面的個性時，你可以在擁擠的市場中，把它們當成競爭優勢——像是人們很樂意支付二十五美元（而不是一桶四美元的香草口味），去購買的手工開心果冰淇淋桶。

別只是要求消費者關注你的企業。相反的，你應該開始做些能吸引消費者注意力的事，也就是藉由一些獨特、不平凡的事，讓你的企業與眾不同。

中立的代價可能更高

劃清界線可能讓人覺得害怕——尤其當事情關乎你的企業與生計時。劃清界線會立刻疏遠某些人或整個群體。但是表明立場很重要，因為你會成為那些人（你的用戶、你的圈子，以及你的受眾）的燈塔。當你像升旗一樣高舉你的觀點時，人們就知道要去哪裡找你，它會成為一種號召力量。展現你的觀點讓潛在（與當前）客戶知道，你不是單純在銷售你的產品或服務。**你之所以這麼做是有具體的理由。**

最好的行銷絕不只是銷售產品或服務，而是表明立場——向受眾展示為什麼他們應該相信你推銷的東西，讓他們不惜一切代價也要買，只因為他們同意你所做的事。如果產品沒能發揮效用，可以改變或調整產品，但是聚焦的點要跟你做的事情的價值與意義相符合。這些大膽的聲明不可能被忽略，你應該清楚的表明你的工作不只是工作，之所以這麼做是因為打從一開始你就有一個認真的理由。

CD Baby 的前執行長德瑞克．席佛斯（Derek Sivers）表示，我們應該自豪的排除人們，因為我們無法取悅每個人。這樣一來，當有人聽到我們特意針對他們提供的訊息，而不是為其他人提供時，他們會被我們的訊息吸引過來（並且集中注意力）。這就像為開心果冰淇淋的愛好者創造訊息一樣，同時嘲諷無聊的香草口味。

第一章提到的湯姆．費許朋曾說，群體極端化（polarization）能帶來力量。如果我們設法想吸引每個人，我們就無法特別吸引到任何人，因為我們混淆了自己的訊息。在擁擠的市場上，創立一間無差異性的小公司，或者不過是另一間無聊的小公司，是沒辦法成為對你有幫助的一人公司。

群體極端化的「典型代表」是馬麥醬（Marmite），這是英國流傳的經典酵母食品。馬麥醬的標語是「你要不是很愛它，就是恨死它」，這是它已經成功利用二十年的訊息。

知名行銷專家與創投家蓋・川崎（Guy Kawasaki）也認為，我們不該害怕群體極端化。大公司在為產品尋找能吸引每種人群、社會經濟背景，以及地區的「聖杯」，但這種「一體適用」的方法不太有效，且往往讓你變得平庸（變成香草冰淇淋）。川崎認為，我們反而應該創造能讓特定群體的人非常高興的產品，並忽略其他人。最糟的情況是沒有激起任何人的熱情反應——無論是正面或負面，沒有人因為關心這產品而談論它。

如果抱持著為所有人創造東西應該能無限擴大注意力的想法，它會很快成為我們的敗筆——同樣的失敗原因，也在等著那些嘗試無限、快速擴展客戶與員工的初創企業。擴張得太快、受眾太多，通常注定會滅亡。

讓自己獨樹一格、與眾不同，且非比尋常，會對你的潛在受眾產生兩極化的影響。但這不一定是壞事。

「Just Mayo」是Hampton Creek公司的產品，它非常的兩極化，雖然它「只不過是」

美乃滋。它因為法律訴訟事件、美國證券交易委員會（SEC）調查、遊說活動，甚至是執行長收到死亡威脅等事件，而得到大量媒體的關注——這讓它更受粉絲與投資者的歡迎。

Just Mayo 是不含雞蛋的美乃滋。Hellmann's 品牌的美乃滋製造商——食品界巨頭聯合利華——控告 Hampton Creek 的美乃滋不含雞蛋。聯合利華指控它廣告不實，根據美國食品藥物管理局（Food and Drug Administration，簡稱 FDA）的法律定義，雞蛋是美乃滋「必要」的成分（事實上，有政府機構定義調味品的法律成分，也是件令人困惑的事。）聯合利華之所以控告 Hampton Creek，是因為這間規模更小、更靈活的初創公司，讓它失去相當大的市場份額。販賣 Just Mayo 的大型零售商也收到未經簽署的虛假信件，聲稱該產品含有沙門氏桿菌和李斯特菌；目標百貨公司（Target）將 Just Mayo 從貨架上下架，作為對這件事的回應。爾後 FDA 為該公司澄清，表示這些說法是沒有事實根據的。但這場爭議並沒有止於訴訟與信件：美國蛋類委員會（American Egg Board）與美國農業部（U.S. Department of Agriculture）開始密謀僱用記者去抹黑 Just Mayo 與其執行長喬舒亞·泰特里克（Joshua Tetrick）。這場行動後來因為一段目前已公開的電子郵件交談內容達到高峰：「我們能集中資金打擊他嗎？」

Hampton Creek 因為它的無蛋美乃滋而建立極端化的立場，它擾亂整個美乃滋產業。隨後的爭議與法律鬥爭只是讓它的品牌更受它的受眾歡迎。最後，聯合利華不只放棄訴訟，也突然改變立場，在幾年後推出自家經認證的純素、無蛋「美乃滋」。

要成為截然對立的一人公司，你可以考慮三種策略。第一種是**安撫**：嘗試改變所謂的反對者（那些不喜歡你的產品的人）的想法。由於人們對肥胖與麩質過敏的擔憂日益增加，通用磨坊食品公司在二〇〇八年，便創造低碳水化合物與無麩質的蛋糕製作混合配料；三年內，那些大聲表示不喜歡它們混合配料的顧客數量明顯下降。第二種策略是**激將法**：故意與對抗者為敵，如果中立客戶同意你的偏激立場，你很可能動搖中立者成為你的支持者。最後，第三種策略是**放大**：挑出一項特點，然後倚重它。馬麥醬透過推出超強版口味的馬麥醬 XO（Marmite XO），已經成功極端化它「非愛即恨」的立場。該公司邀請三十名最佳顧客（透過社群媒體找到的）來品嘗馬麥醬 XO，並為活動成立一個 Facebook 社團。促銷活動在公司網站累積超過五萬次造訪，並在 Facebook 頁面累積超過三十萬次流覽量。馬麥醬 XO 上架後很快就銷售一空。

當聯合航空（United Airlines）將一名乘客趕下飛機的影片被瘋傳時，另一間非常成功的加拿大航空公司西捷航空（WestJet）直接針對聯合航空的超售機票問題，將這個問題突顯出來。西捷航空最新的行銷口號只是單純的訴求「我們不超售機票」，並搭配上「#老闆在意的」（#OwnersCare）的主題標籤（西捷航空吹噓，它的乘客在實質意義上都是它們公司的老闆）。通常令人難忘的故事，都是主角對抗反派的故事，這樣的故事讓觀眾能有支持與反對的對象。畢竟，沒有反派角色達斯・維達（Darth Vader）就沒有《星際大戰》（*Star Wars*）。同樣的事情也可能發生在商業中：因為我們的大腦在接觸美好故事或跟壯麗抗爭有關的事情時，會感到興奮，也會容易記得這些事，一人公司如果沒有講出令人信服的故事，可能會發展成無聊乏味又容易被遺忘的香草冰淇淋。

身為一間小規模、或不打算快速成長的公司，你可以利用群體極端化的方式，為自己提供接觸潛在受眾的途徑——不用大量的廣告費或付費取得用戶——引起人們的談論。回想一下，在蘋果公司成為科技產業的單一巨頭之前，它是一間對抗巨頭IBM的小型公司。在蘋果公司推出麥金塔（Macintoshes）電腦時，播出一則現在非常著名的電視廣告——向喬治・歐威爾（George Orwell）的經典著作《一九八四》致敬——廣告裡有一位英雄向從眾行為（conformity）與「老大哥」抗爭[19]。由於這則廣告非常具有爭議性，與當時所有其他廣告都不同，以致於所有有線電視新聞頻道在它首次播出後，就把它拿來當成新聞故事免費重播。也正因為它的與眾不同，讓蘋果在廣告首次剛播出後，新推出的麥金塔電腦銷售價值就達到三五〇萬美元。

在我自己的企業中，我對商業、甚至社會問題所持有的立場會讓一些人反感。我每週寄出的電子郵件，會得到一些批判性的回覆，包含標準的網路冷言酸語和評論，像是「我不想從你那裡買任何東西，因為你認為〔請自行填空〕。」但這其實是件好事，因為我不想有這麼愛生氣或愛抱怨的客戶；如果他們付錢購買我其中一項產品，我就得提供他們技術或客戶支援。他們選擇不聽那些我一定會說的話，也永遠不從我這裡購買任何東西，這是雙贏局面。當我收到這些電子郵件時，我會確認寫的人是否曾是向我付費的客戶；答案始終是否定。歸根究底，我很高興我的受眾都能有效的審視自己。這樣我就可以把更多的時間與精力，集中在我的付費客戶與已經自我審視過的潛在客戶身上。

現在，消費者經常根據自己的價值進行購買與選擇。一人公司因為不注重無限成長，也不認為更多就是更好，得以致力於讓自己的產品跟一群更小、更具體的人們的價值相符，然後針對他們的需求與觀點進行行銷。如此一來，如果這個群體外的其他人討厭你的作為或立場，也就無所謂了——你一開始就沒把他們當成客戶。相反的，你能向他們展現，你也理解、贊同他們如何看待世界，藉此來吸引自己的利基市場。

人們可以複製技能、專長，以及知識，只要有足夠的時間與精力，這些都是可以複製的。無法複製的是真實的你——你的風格、你的個性、你的行動意識，以及你在面對複雜問題時，找出創造性解決辦法的獨特方式。所以在你的工作時倚重這點。就像努力銷售商品一樣，努力銷售你的思維模式。利用群體極端化建立對立的立場可以縮短銷售週期，因為它會迫使客戶進入快速的二選一選擇中，決定要或不要。畢竟，從立場模糊的「或許」身上很難賺到錢。

---

19 譯註：這則廣告把喬治・歐威爾小說中的老大哥比喻成IBM，暗諷IBM為控制個人電腦市場的老大哥。

為了建立與維護你的一人公司，你越早學會如何以積極方式區分你的公司形象，你就能越快找出你準確的受眾，維持你的事業。你需要更加了解自己，然後戰略性的突顯你內在與獨特的個性面，以確保你的企業能維持、保有客戶的注意力。

開始思考

- 你如何將你鮮明、獨特的個性，融入到你的產品與公司形象中？
- 你能依靠哪些特點，讓你的企業或產品顯得奇特或與眾不同，以獲得市場上的注意力？

第7章 唯一的客戶

有幾間我常去吃的餐廳，它們的員工總會記得我的名字和我常點的餐點（他們甚至不需要拿菜單給我。）有時候餐廳老闆會出來跟我聊天，不是因為希望我再多點一杯飲料或一份甜點，單純是來聊聊近況。有時候，當菜單增加新菜色時，它們也會免費送上一份，希望能獲得一些回饋意見。如果我的餐點出錯了（很少發生），它們會提供更多食物，或從帳單裡扣掉某些東西——我除了說上菜不太正確以外，其他什麼話也沒說。

由於有這般服務，我經常在這些地方吃飯。如果朋友來找我，那些餐廳就是我們會去的地方。當然食物也很棒，但事實上，這些餐廳對我如此周到的招待——就好像我是它們最重要的顧客一樣——是讓我成為定期、長期老主顧的更重要原因。

當員工或企業主竭盡所能為客戶提供幫助時，客戶會有很好的感受。企業與客戶之間的私人接觸，或是企業勇於承擔問題並想盡辦法解決它，都是會讓客戶難忘的事情。

本章內容並非只是單純想闡述為了那些付錢給你的人成為一間好企業，因為這本來就是應該做的事。更重要的是，你該如何對待客戶。有許多證據表明，善待客戶、把他們當成你唯一的客戶，能為你的企業帶來價值，並且反映在企業的利潤上。

總而言之，幫助你的客戶取得成功，提供令人難忘的服務，對企業是有益的。最近一份哈里斯互動公司（Harris Interactive）的調查顯示，有十分之九的美國人，願意在客戶服務極佳的公司上花更多錢。同一項調查也顯示，79％的人會因為糟糕的客戶服務體驗而放棄交易，或選擇不購買他們想買的東西。根據美國白宮消費者事務辦公室（White House Office of Consumer Affairs）的一項研究發現，忠實客戶的平均價值高達他們首次購買價值的十倍。糟糕的客戶體驗會帶來另一個隱藏成本——露比・紐威爾萊諾（Ruby Newell-Legner）是一位研究客戶幸福感（customer happiness）二十五年的研究者，她發現只有4％的客戶會真實向企業表達他們的不滿：在感到不滿的客戶當中，高達91％根本不會再回流。在網路評論與社群媒體上，比起稱讚不錯的客戶服務，糟糕的客戶服務往往更常被談論——網民喜歡變成烏合之眾，反對那些沒有幫助、或沒有公正對待客戶的公司。

鑑於上述統計資料，有些公司的作法真是令人費解，它們以成長為中心，重視取得新客戶，卻輕忽留住客戶或給客戶幸福感。正如凱特．歐尼爾在Magazines.com工作時發現的一樣（第四章），取得新客戶的成本遠高於讓客戶續訂（根據剛剛引用的白宮研究，高於6～7％以上）。續訂通常是個更重要的衡量標準，但除非你的客戶夠忠誠，他們才會想續訂，否則這種事通常不會發生。

有些公司對成長與獲取新客戶的執著——追逐一般認為能夠不斷成長的用戶數，變成它們能放在自己網站首頁、或在投資者簡報檔上吹噓的某種虛榮指標。但快速取得使用者的成本非常高——因此通常會造成整體利潤較少的結果。身為以利潤為中心的一人公司（以較低的費用增加收入，就代表更多的利潤），你應該摒棄不惜一切代價擴張用戶的愚蠢作法，相反的，你可以專注於留住客戶，取悅客戶，以及協助你的客戶。長期而言，這種方法會讓成本降低許多，對你公司的幫助也會提升許多。

在客戶服務方面，一人公司擁有堅實的資產：能夠在不改變規模的方式下，實現客戶服務。餐廳老闆可以記得我的名字與餐點，是因為雖然她擁有正式員工，她依然會在外場工作，而且擁有一個工作位置。就像查理・畢克佛，他雖然是Excalibur Screwbolts的執行長，但他仍然經常在他的小辦公室裡接聽電話。或是Basecamp的創辦人，也會親自回覆技術支援請求。當公司規模較小，就能跟常客與忠實客戶建立起關係，而這些人際關係可以讓他們保持忠誠與快樂。

身為一人公司，我們是非常努力為人們提供服務的企業。關鍵是我們會傾聽並充分掌握每一位客戶的意見，以確保他們對我們的服務水準感到滿意，然後讓他們在自己的生活上更成功。客戶服務是一項極大的鑑別因素，是人們選擇想把錢花在哪裡的原因。如果你為你的客戶提供良好服務，他們會反過來成為你公司的品牌推銷者：實質上是無償的銷售團隊，能減少你僱用更多員工的需求。

CD Baby提供的服務是讓獨立音樂人在iTunes平台上銷售自己的音樂，它有一項關於客戶服務的政策，規定在早上七點到晚上十點這段期間，每位客戶的支援來電都要在鈴聲響起兩聲之內被接起，而且由真人接聽。它沒有使用語音信箱或固定流程系統，公司裡的任何人都可以接聽電話，從執行長到倉庫人員都能接聽（每個人都受過訓練，有能力協助客戶。）CD Baby 希望像朋友般對待客戶，而朋友不會把私人電話號碼連接到語音系統上，由系統說：「你的來電對我們來說很重要，請不要掛斷。」同樣的，Basecamp 的人也試圖在十五分鐘內回覆每個支援請求——無論是白天或夜晚時間。

優質的客戶服務，不只是做到禮貌的規範而已。保持即時性、回答問題，以及尊重的對待客戶，都不該有所回報——這種服務理應是客戶期望範圍內的事。一人公司之所以能茁壯成長、脫穎而出，是因為透過私人接觸，建立互惠關係，用心對待客戶讓客戶覺得自己好像非常重要（他們確實很重要），而**達到超乎客戶期望的水準**。

第二波浪潮

在過去幾年裡，客戶服務經歷了一次復興。支援客戶與服務客戶在過去被視為是一種成本，以商業角度來看，努力降低成本來增加利潤是合乎情理的事。在這舊式思維模式中，自動化被大量使用，包含複雜的電話樹（phone trees，即語音客服常用的自動化系統，「先按8、再按7、再按6、再按234、再按#字鍵與客服人員連繫」）、客戶留言板以及自助自動化服務（例如線上知識庫）。這種方式的問題在於，無論它為公司省下多少錢，實際上它都在公司和遇到問題的客戶之間設下不必要的障礙，讓客戶被迫試著自己解決問題，也往往讓他們感到非常沮喪。

當前的第二波客戶服務浪潮，由一些公司來實踐——這也是所有一人公司應該提供的客戶服務。它們更著重於情緒與舒適。根據麥肯錫（McKinsey）的一項研究表明，70%的購買體驗更取決於客戶的感受，也就是企業如何對待客戶，而不是取決於實際產品。通常客戶只會在第二次購買或續訂的情況下，才會覺得自己受到格外好的對待，因為客戶需要先有過經驗，對第一次購買的方式如何進行，或任何支援請求如何處理需要先產生感受，才可能會產生更好的感受。

第二波客戶服務浪潮相信，為每位客戶提供正面的情緒體驗，會創造更多的成功與更高的利潤。如果你把你的客戶當成唯一的客戶來對待，他們會以熱愛你的品牌來回報你，他們不只會繼續跟你做生意，還會向自己人際圈的人推薦你的企業。與其把客戶服務當作成本或費用，不如把它視為是保留客戶與獲得客戶的投資，因為本質上你是透過你的支援團隊來建立客戶銷售力量。

如果客戶幸福感是客戶服務的目標，你可以讓你的支援中心成為推薦的主要來源。推薦是獲得新客戶的有效方式——根據SmallBizTrends的研究發現，有83％的新業務是來自口碑推薦，這數字非常令人驚訝。而想要讓客戶向認識的人談起你的企業，最佳方式就是確保他們滿意你為他們所做的事情，也滿意你在他們需要時所提供的協助。

你不會只因為滿足客戶服務的標準期望就獲得推薦——當一間公司如果只做到足以幫助客戶的程度，但也就僅此而已沒有更多了，人們就幾乎不會認為這是值得一提的事。如果你希望客戶能出於善意的談論你的公司，你就必須做更多事，讓客戶為你做宣傳。有一個很好的例子，是來自科技界非常有名的故事，是關於RackSpace公司——企業級雲端主機提供商——一通客服電話的故事。有一次，RackSpace公司的客服中心代表，在支援請求的電話背景中聽到有人提及他餓了，在思索著要點什麼東西。於是，客服中心代表悄悄的把客戶擱置一旁，點了一份披薩送到檔案中的地址，然後再回去協助客戶解決問題。二十分鐘後她仍和客戶在通話，她聽到電話裡的背景傳來敲門聲，她請客戶去開門，並跟他說：「這是你的披薩。」令人愉快的意外體驗不僅讓企業獲得一位非常開心（且完整的）的客戶，也讓這件事成為在網路上被分享了成千上萬次的故事。這是一種建立互惠關係的客戶服務：你的客戶得到意想不到的東西，然後覺得不得不幫助你的企業，客戶不只會保持忠誠，而且還會跟別人談論你的企業。

推薦之所以有效果，是因為它是透過**代理模式建立信任**。因為你信任的人告訴你，他們信任某些公司或產品，因此這種推薦是可靠的。另外，因為你信任告訴你的人，因此你對公司或產品的信任感會有立竿見影的效果。

喬爾．克萊奇（Joel Klettke）是一位暢銷的自由作家，他說他的潛在客戶開發有80～90％來自口耳相傳。當他被其他人推薦時，他發現這些潛在客戶會對專案會抱持著健康的預期，對專案涉及的成本也是如此，並且把他當成專家看待（而不是單純把他當成一位付費的技工）。喬爾不需要花時間或資源在這些他人推薦的專案上進行推銷，因為這些潛在客戶已經很熱情的想跟他合作。他只需要確定專案是否合適就好。

我的企業是以服務為基礎，而在我自己的企業中，我所有的潛在客戶也都來自口碑行銷。我在早期階段就決定，與其把時間與金錢花在行銷和對外銷售活動上，我倒不如投入這些資源，確保每位客戶會因為決定僱用我而感到非常高興。在我沒有提出要求的情況下，這些高興的客戶會推銷我，跟他們認識的每個人說，我是負責設計工作的人。十多年來（直到我從服務轉移到產品），這些口碑推薦為我創造了工作的排隊名單，等候時間長達幾個月。

即使像 Trello 這種產品企業——提供線上協作專案的「軟體即服務」（software as a service，SaaS）——主要也透過口碑來增加它們的市場範圍與客戶數。Trello 經歷了 100% 有機成長（即沒有付費廣告），用戶已經超過一千萬名，只因為人們經常談論它的產品，而且是在一大群人可以看見的地方，像是社群媒體或部落格。Trello 甚至開發有趣的遊戲（跟它們的產品約略相關，例如「Taco Out」），有助於創造共享時刻。由於它們產品的核心是免費版本，Trello 不用付出太多努力就可以把發現它的人轉化為客戶。加上它的軟體很容易使用，也很有幫助，Trello 擁有大量（無償）的客戶銷售團隊，他們會向自己認識的每個人介紹這個軟體。

傾聽與理解：一點點就能帶來很大的作用

Forrester Research 公司分析師凱特．萊格特（Kate Leggett）發現，讓客戶開心並幫助他們成功，能減少客戶流失與增加回頭客帶來生意的可能性，而且甚至有助於贏得新業務。換句話說，當你的客戶贏了，你也贏了。事實上，你的客戶不在乎你的企業是否盈利——但是如果你幫助他們獲利，他們就永遠不會離開你。

無論你提供什麼東西給客戶，都要盡力幫助你的客戶，因為每個人都需要同理心與關心。你必須有能力理解你的客戶、理解他們的需求，才能有效的為他們提供服務。

Lady Geek 是一間總部位於倫敦的顧問公司，它開發了「同理心指數」（發表在《哈佛商業評論》〔*Harvard Business Review*〕上），該指數結合公開資訊與私有數據，根據全球公司的同理心程度進行排名——包含對客戶、對員工的同理心。最賺錢的前五間公司，在同理心指數排名上名列前茅。例如，排名第三的公司是 LinkedIn（同理心分數為 98.82），它並不害怕走向用戶的所在之處，即使是像推特（Twitter）這樣的競爭平台，它排名第二十四（同理心分數為 86.47）。這種方式代表 LinkedIn 把客戶的需求、興趣，以及選擇放在它自己的企業目標之上——LinkedIn 得到的回報，反映在利潤的提升。

當你越了解你的客戶——他們的需求、欲望、動機、期望，你就越能感受到他們，也能為他們提供更好的服務。這種客戶服務不僅僅是公司口頭上所說的「你對我們很重要」。這種客戶服務是要採取具體行動，並制定策略：從傾聽到理解。

大眾普遍會誤解同理心是適用於弱勢、非盈利，以及嬉皮生活方式的企業，但事實上，這是一種驅動真正利潤最有效的工具。這可以歸結成幾個簡單的事實：你越了解你的客戶，你就越能制定與定位出提供他們真正價值的產品，越能在請求支援時幫助他們，你也越能從中學習，因為客戶比你更了解買家。畢竟他們就是買家。

以感同身受的方式來對待客戶的第一步，就是傾聽他們的需求；有了這項了解，我們就能推動創新或新產品的想法。麻省理工學院教授艾瑞克・馮希培（Eric von Hippel）已經進行了大量的研究，他的研究表明，公司內部許多能帶來利潤的創新都是源於客戶——超過60％。根據這項研究的結果為基礎，3M醫療外科市場部門試圖根據「嘗鮮者」[20]的資訊，創造出一些新產品，來彌補它們一九九〇年代那個糟糕的創新記錄。五年內的結果相當驚人：由使用者催生的創新，為該部門帶來一・四六億美元的平均收入，相較之下，由企業內部催生的創新，只帶來一千八百萬美元的平均收入。

若要做到理解客戶，不是只需要對他們提出的支援請求提供卓越的處理，還需要對即將到來的問題與請求類型有更多的想法。對一人公司來說，這也是很重要的事：分辨每個支援請求大致上屬於什麼主題，並且以日後可分辨資料的方式，制定路徑與線索來進行管理。如果能在中心控制系統有條理的整理好所有回饋與建議，就能有助於路徑的查看。舉例來說，如果你發現支援請求主要是針對某個主題，你或許就可以在相關主題上，為客戶提供更適當的指導。如果在某個特定主題上，有一小部分的支援請求不斷出現，那麼這個主題可以成為下一個使用者催生的創新方案基礎。

百思買（Best Buy）是個很棒的例子，它是一間不僅聽客戶意見的公司，而且是會實際花時間去了解客戶的回饋並採用的公司。這間公司在它的網站上與供應商分享客戶的評論，以鼓勵供應商根據客戶的需求改進產品。百思買也會以提供獎勵與商店購買折扣的方式，回報提供回饋的許多客戶。

有時候大公司表現同理心的形式，就是拒絕讓官僚的繁文縟節來阻礙它們協助客戶。幾年前，有一位老人在假日期間被雪困在位於賓州鄉村的家中。當他外出的女兒發現時，她開始打電話給這位老人所在地區的雜貨店，看看是否有人能送食物過去給她父親，因為他沒有足夠的食物能平安渡過風暴。在她打電話給好幾間商店之後——沒有一間提供送貨到府的服務。她接著打給喬氏超市（Trader Joe's），店員表示喬氏超市沒有送貨政策，通常它們也不提供這項服務，但考慮到特殊情況，它們很樂意把食物送到她父親那裡。在她提供一份清單後，這名員工甚至建議一些適合她父親低鈉飲食的額外品項。當她準備要為訂單付款時，這位員工說不用擔心——訂單與送貨都會是免費的——祝你有個愉快的假期。三十分鐘後，沒有任何花費，食物就送到她父親家裡。商業上的同理心，有時只不過代表著當個體貼的人。

就像送披薩的故事一樣，這類故事讓我們著迷，因為它提醒了我們，有些公司對「一切照舊」與公司的利潤較不感興趣，它們反而更希望客戶開心，並把他們當人在關心。雖然大部分的公司都說客戶是它們的首要重點，但卻極少能看見這個理念被落

20 譯註：lead users。是指對市場上產品的需求與要求比一般人還要領先的使用者，他們的需求與要求也領先於市場上現有的產品，通常也代表著一般市場未來的需求，而他們的需求與要求是能夠為企業提供引進創新產品的重要機會；是由艾瑞克・馮希培教授所提出的概念。

實。不過，如果為了取悅客戶、成就客戶，做到超出預期範圍的客戶服務，這種特殊的服務就會把客戶變成忠實、瘋狂的粉絲。這些都是被分享、被廣為談論的故事，對企業來說只會受益無窮。

總而言之，客戶幸福感就是新行銷。如果你的客戶覺得你很照顧他們，那麼他們會留在你身邊，而且他們會告訴其他人。這是一人公司可以在市場上與巨頭競爭的明確方式——大力支援你的客戶。在其他方面你更難以和大公司競爭，像是數量、低價、或後勤等。但身為較小的企業，在個人接觸上競爭會更容易——加倍付出並人性化的對待客戶，而不是以數位化方式對待客戶。這對任何一人公司來說都會是一大優勢。

成功的客戶造就成功的企業

由於財務上的成功（即利潤）能確保長久經營，因此多數企業主自然會花大量時間，思考如何讓他們的企業更成功。但多數企業主或甚至團隊領導者，經常沒有考慮到他們如何讓他們的客戶成功。畢竟，成功的客戶有財力繼續支持你的企業，這會讓你的利潤增加。所以你客戶的成功也會導致你企業的成功。

當一間公司把客戶視為客觀的交易或訂單時，這種關係很容易發展成，只想著在最少花費的情況下能從客戶身上賺多少錢。但是一人公司相信，客戶代表互惠關係，當客戶成功時也代表著長期成功的關係。

亞當・韋德（Adam Waid）是 SalesForce Pardot 的客戶成功部門總監，他不願意在協助客戶獲得成功的事情上冒險。事實上，客戶成功部門——致力於提供培訓，提供執行上的援助，提供最佳建議，提供使用中的支援——是該公司最大的部門。SalesForce Pardot 在客戶成功上的努力使它成為《富比士》（*Forbes*）雜誌上最具創新精神的公司，且透過客戶成功部門提供的協助，客戶的銷貨收入平均成長了34%。

UserIQ 的客戶成功部門總監辛蒂・卡爾森（Cindy Carson）認為，對客戶來說，最有效的服務就是擁有量身訂做的用戶引導流程（onboarding processes），開始於正確的立足點。她的團隊甚至會查看每一個客戶的用戶案例，以充分了解 UserIQ 如何帶給他們最大的好處；然後 UserIQ 會提供分段式訓練來強調具體內容，幫助每位客戶取得成功。

根據已實現利潤為基礎的成長，通常會在客戶至上的方式中有機的發生，因為即使你完全專注於客戶的成功，意外結果也會在你的客戶群之中發展起來，他們會漸漸、穩定的演變成你的銷售力量。

精品服裝設計師品牌 Ugmonk 的經營者傑夫・謝爾頓（Jeff Sheldon）很執著於品質——包含他創造、銷售的產品和客戶獲得的支援。如果一件襯衫不太合適，或是訂單有問題，他會馬上寄出一件新襯衫，甚至不會要求客戶把錯誤的訂單寄回。因為 Ugmonk 照顧客戶，因此客戶也會定期在社群媒體上發布公司的連結與自己穿著 Ugmonk 衣服的照片，來關照 Ugmonk。謝爾頓從行業影響者與雜誌上得到很多免費的宣傳，談論 Ugmonk 和他對產品品質的執著。

著眼於客戶成功是一人公司的一種思想，也是一種牽涉企業各方面的經營方式。它甚至早於產品創建之前，你應該先有一個計畫，確保一切能正確完成，並且是最好的品質。這種經營企業的方式包括客戶教育（我們會在第九章討論），透過教育增進他們的技能組合並助長他們的成功。

有些公司認為某些客戶太小而不重要，尤其在談到成功的時候。但是如果你採取這種短視的觀點，你可能會誤認為客戶的情況或規模永遠不會改變。畢竟，你的一人公司專注於變更好而不是更大，當你身為客戶時，也可能被認為是「太小而不重要」的公司。當你採取這種心態時，你會忽略客戶的長期戰略價值與忠誠度。比起一位每個月支付一百美元，但在幾個月後就取消服務的客戶，一位每個月支付十美元服務，且堅持十年的客戶更有價值。小規模的企業也能發揮大量的影響力，因為它們在社群媒體上可以輕易累積大量追蹤者與大量的電子報郵寄名單（這兩者都可以讓你在無需成長的情況下，擴展你的公司）。

最後，為了對你的客戶做到最大的幫助，有時候你必須把目光放得比他們向你呈現的問題還遠。客戶尋求協助的根本原因時常不明顯：有時候他們尋求的是具體的答案，但有時候他們尋求的是某種特性，他們甚至沒意識到這就是他們正在做的事。舉例來說，當我在做網頁設計時，客戶經常希望我能設計一個看起來很棒的網站（以他們的說法）。然而，久而久之我意識到，這並非多數客戶想僱用我的主要原因：他們真正想要的是，一個看起來很棒，但也能創造更多收入的網站。當我改變我的銷售宣傳，並且開始談論優秀的設計如何幫助潛在客戶獲得更多利潤時，我從銷售拜訪中獲得的專案數量便多了一倍以上。

傾聽自己客戶真正的需要與想要，就是一人公司的關鍵。

當問題發生時（和問題即將發生時）

這不是會不會發生的問題，而是何時發生的問題。每間企業都有許多運轉部分、許多地方與客戶互動，並且通常依賴於至少幾個供應商或合作夥伴，因此這些錯誤可能、或有時會發生。不惜一切代價的試圖避免犯錯，或者假裝錯誤永遠不會發生，並不是可行的策略。更實際的作法是，為事情的發生做好準備。

正如第三章所討論，透明度在內部對領導者與員工來說都很重要，對外與客戶保持透明度也一樣很重要。這不代表你要分享所有事，但代表你應該坦誠公司的好與壞，因為這可能會影響客戶關係。如果你的企業一直懷著同理心對待客戶，他們通常也會在事情出錯時更能體諒——但前提是你要立刻著手修復或解決問題。

你必須**承擔自己的錯誤**——即使是別人造成的錯誤。在別人責怪你之前，先承擔起你應該負責的責任。第一步是道歉，要像個真實、有同理心的人一樣去道歉，而不是讓人聽起來像個官腔的公關機器人。客戶並不會期望要很完美——他們只是期望問題能被解決，而且是以公平、善解人意且快速的方式處理。

幾年前，我的公司在向客戶收款時出現了一些問題，由於我使用的收款軟體供應商出現一項軟體錯誤，導致我向幾十位客戶重複收費。他們最終花六百美元從我這裡購買一個三百美元的產品，沒有人高興（至少可以這麼說）。當時我感覺就像最糟的情節：我從客戶那裡拿走的錢，比他們同意為我的產品買單的錢還多。

雖然從事實角度來看，這是軟體供應商的錯，因為它們的軟體中有一個程序錯誤，但我承擔了所有責任——因為銷售產品的商店是我公司的名字。我立刻向每位受影響的人寄出電子郵件——甚至包含那些還沒有發現自己已經被重複收費的人，並告知他們，為了防止錯誤再次發生，我採取哪些步驟（更換供應商，這麼做在時間與金錢上讓我的公司產生極大的成本），我也打算儘快把他們的錢退回。最後我在電子郵件裡留下我的電話，以防他們有問題或疑慮。在受影響的幾十位客戶中，只有兩位要求全額退款（重複收費的三百美元退款，加上產品原本的三百美元成本）。

雖然確實有幾位憤怒的客戶——我不能怪他們——但大部分的人都能諒解，也能了解軟體可能會有程序錯誤。我承受利潤損失，並且吸收更換供應商的成本，藉此幫自己保住了我的客戶對我的信心，讓他們相信我正努力把事情做好。我從這次的經歷學到對待客戶的重要性，假如情況完全反過來，如果我是客戶我希望得到什麼樣的對待，我就應該以這樣的方式對待客戶。我不能「當個鴕鳥」（把我的頭埋進沙子裡，期望沒有太多客戶注意到重複收費的插曲，然後退款），也不能省錢繼續使用充滿程序漏洞的軟體。我的長期戰略是讓那些對我的產品感到滿意的客戶保持忠誠，而長期戰略最終戰勝了短期的現金損失。

有些公司不允許員工以任何方式道歉，因為它們害怕承認錯誤後會面臨的法律後果。不幸的是，這種作法可能會讓客戶很生氣，尤其是如果客戶只是想聽到有人願意承認錯誤。這本書完全不提供法律建議，但值得注意的是，二〇一五年《紐約時報》的報導指出，相較於否認不法行為、或為錯誤辯解的醫生，公開錯誤、向病人道歉的醫生，實際上以醫療事故被起訴的情況少了許多。伊利諾大學採取這項透明化作法的兩年後，在充分道歉的情況下，職業過失的歸檔文件少了一半。諾丁漢大學的另一項研究發現，在多數情況下道歉是無需成本的——那些單純為錯誤道歉且努力解決問題的公司，甚至比提供財務補償的公司更成功。

承認錯誤是有效的作法。它能讓人看見同理心，願意承擔問題，並且表現出希望解決問題。正如此處引用的研究發現，實際道歉的成本遠低於訴訟或退款。但是如果你不是真誠的道歉，那麼道歉也沒有幫助——大多數人都能感覺出虛偽、官腔的「對不起」。在你做出回應之前，給自己一點時間了解情況，也充分傾聽投訴的內容。這通常包含確認客戶的委屈情緒、透明化發生的事情，以及清楚的詳細說明如何解決問題並確保問題不會再次發生。

一人公司必須把抱怨化為做得更好的機會，並利用它們試圖與周圍客戶建立更密切的關係。一間不去傾聽也不去理解抱怨的公司，會讓自己處於險境。舉例來說，網飛在二〇一一年忽略了客戶的請求，並分割其DVD與串流媒體業務，有效的將價格提高40％。由於這項節省成本的舉措（而不是聽客戶的意見），導致網飛的股票跌至原本價值的一半，公司也因此失去八十萬名客戶，它也很快的在美國財經新聞網站《24/7華爾街》（*24/7Wall St*）的一項調查中，被評為美國最令人討厭的十大公司之一。

當然，現在多數客戶會在社群媒體抱怨公司的錯誤或失誤。根據紐約大學傳播學教授里爾・萊博維茨（Liel Leibovitz）做的一項研究發現，有88％的消費者，不太可能向一間不回覆社群媒體上支援請求的公司購買東西。另外，有些客戶會在社群媒體上表達他們對自己購買的產品有何擔憂，在這些客戶當中，有45％的人表示如果他們沒有收到回覆會覺得生氣，27％的人表示他們會完全停止和那間公司有業務往來。我們必須在客戶花時間的地方關注他們——在Facebook與推特上。

你的承諾就是合約

芝加哥大學布斯商學院行為科學教授尼可拉斯・艾普利（Nicholas Epley）表示，跟客戶保持良好的業務關係並不需要超人般的努力。相反的，你只需要做到你承諾要做的事，客戶就會心存感激。

尼可拉斯說，人們通常會根據兩個概括性面向來評估彼此：我們在人際關係上看起來有多和善，以及我們看起來有多能幹。他的研究表明，要被他人正面評價的方式，就是做出承諾，然後信守承諾。這項建議對服務客戶的公司來說特別重要，因為受到溫暖、善解人意、專業對待的客戶，會變成忠實客戶。

身為一人公司，你必須非常小心你對客戶、或甚至潛在客戶所說的話，因為你說的話就是你和他們之間的社會契約（social contract）。過度承諾你產品的有效性、或提供虛假資訊，即使是無意的也對你沒有任何好處。在現在這個幾乎所有資訊都可以在網路上找到的時代裡，你需要清楚你的企業在做什麼、你如何做。你的資料安全嗎？你的海外工廠夠安全、支付的薪水也公平嗎？你的汽車在高速公路安全保險協會（Insurance Institute for Highway Safety）的撞擊測試中排名好嗎？你投資的社會責任股票指數型基金（exchange-traded funds）中的公司是否反對環境保護議題？

芝加哥大學教授路易吉．津加萊斯（Luigi Zingales）的研究表明，擁有守信文化的企業，比那些違背承諾、或言行不一的企業更賺錢。他發現如果不能證明公司的價值是以公司的行為做後盾，那麼無論公司公開宣揚自己有何價值都不重要了。

公司該如何信守承諾？而且為什麼這麼多企業都無法信守承諾？如同瑪麗亞姆．柯查基（Maryam Kouchaki）、伊麗莎白．朵蒂（Elizabeth Doty），以及法蘭西絲卡．吉諾（Francesca Gino）所描述的「承諾游離」（commitment drift），其定義為公司在實現重要承諾方面，出現系統性故障，因而無法對它的利害關係人實現最重要的承諾。這些研究人員都認為，承諾流離源自一些因素，而這些因素跟企業對短期收益的理解有關，這最終影響了企業，使它們無法實現宣稱的承諾。為了避免違背諾言，企業必須實施一些策略，並確保從領導階層到客戶服務代表都能實踐這些策略。

首先，第一項策略是對客戶做出更少且更好的承諾；一間公司如果認為自己應該「不要做過多的承諾，但做出超乎承諾的表現」，有時甚至無法「表現合乎預期」。其次，第二項策略是追蹤公司做出的承諾；一間公司如果不追蹤它做出的承諾——例如，支援系統軟體時提出的承諾，或領導階層提及的承諾，那麼它會很容易忘記最初做了什麼承諾。最後，第三項策略是制定實際的流程以滿足這些承諾；假定每個承諾的流程都是不相關的，除非未來某個時刻有可能造成違背承諾的結果，才可能讓流程相關。藉由致力於這三項策略，企業可以學會該如何對客戶更信守承諾。

最好的辦法是把你跟每位客戶（甚至員工）的協定，視為具有法律約束力的合約，因為在社會層面上，這就是事實。如果你答應在某個時間給某人某樣東西，那麼就去做，並準時完成。無論是報價、可交付的成果、或客戶服務回覆都一樣。如果你不確定你何時能兌現，就說你不能達成承諾、或協商更長的兌現時間，如此一來你才能肯定你有辦法兌現。

一旦你不遵守諾言，你不只會讓一個人或一間企業失望——你也會失去那個人、或那間企業能帶來的其他潛在合作機會，因為你可以確信，他們永遠不會跟你做生意。或者更糟的是，他們會告訴他們認識的每個人，你沒有遵守諾言。被打破的承諾會像氣球一樣向外膨脹，就像我們不斷擴張的宇宙：你不僅破壞了你跟客戶的關係，也破壞了你跟他們認識的所有其他人合作的機會。

下次在你的日常業務中突然出現問題時，記住這一切。如果你希望自己的一人公司能成功，那麼當你面臨承認錯誤與失誤時，就必須做出正確的選擇。

開始思考

- 你能做哪些事，來確保現有的客戶感到開心且認可你？
- 在客戶服務上，你能在哪些方面做到超越客戶期望的事？
- 你如何創造口碑行銷與推薦的機會？
- 你該如何承擔錯誤，然後彌補錯誤？
- 你可以做哪些事，來確保你的客戶能達成最終目的？

第8章 可擴展的系統

如果一人公司的核心問題是對成長提出質疑，對規模提出挑戰，那麼有時候你可能會得到這樣的答案：事實上成長是有必要的——前提是它跟你的整體目標一致。然而，當你的利潤、客戶、或影響範圍有需要成長時，一人公司可以藉由簡單、可重複的系統來推動規模，而不需要更多的員工或資源。

Need/Want公司的共同創辦人馬歇爾．哈斯（Marshall Haas），他曾經認為一間公司的規模需要跟它創造的收入呈正比。因此，一間收入為一億美元的企業，至少需擁有數百名員工與數層官僚管理階層。然而他在實踐過程中卻發現，他的公司在少於十名員工的情況下，可能成長得非常緩慢，但依然能增加收入——目前收入接近一千萬美元。

大部分的人會認為，只有科技初創公司或軟體公司才有辦法不先增加員工與費用，就能提高收入，因為它們的產品在乙太網絡中。但 Need/Want 公司是一間實體產品公司，它販賣的商品從床上用品、筆記型電腦到 iPhone 外殼都有，它已經成功的以小團隊建立大企業。

Need/Want 公司利用可擴展的系統與通路來增加利潤。它們使用套裝軟體 Shopify，架設它們的網路商店，讓它們無論在任何地方，都有辦法一天處理超過一百萬個訂單。它們沒有設立大型商店，所以不需要專用的外部銷售團隊。它們不做商業展示會，因此所有行銷工作都來自同一個團隊，而整個團隊成員只有三人，他們完全把重點放在線上通路上，像是社群媒體、付費廣告，以及電子報（這些作法都可以增加影響範圍，卻不需管理太多額外資源）。

Need/Want 公司將製造外包給一間與它有密切關係的工廠；工廠可以為它處理任何事情，無論一天一張訂單或一天幾萬張訂單。這間工廠也將送貨與執行外包給一間值得信賴的合作夥伴。換句話說，Need/Want 公司是個完美的例子，它是一間使用可擴展的系統的一人公司。它的銷售模式是針對消費者進行行銷，這樣的模式讓事情保持精簡，也讓公司能以最佳方式進行真正它要做的事，也就是找到新客戶並銷售東西給新客戶。

這間公司的誕生，源於公司創辦人馬歇爾・哈斯與喬恩・惠特利（Jon Wheatley）的一個想法：他們想把自己從科技公司工作獲得的知識，應用到實體產品上。在他們合作之前，馬歇爾透過賣人們接觸不到的產品（軟體）賺錢，而喬恩創造的是可以觸摸到的實體東西，但卻沒有賺到任何實實在在的錢（以創投為基礎的初創企業，生意一直做不起來，未賺取任何利潤）。

他們將自己的公司視為科技初創公司，但他們不是賣軟體，而是依靠科技、自動化，以及線上通路的可擴展性來銷售產品。即使年收入近一千萬美元，他們的團隊仍然很小：除了馬歇爾與喬恩負責公司經營與行銷，另外還有一位營運主管、四位支援人員（其中兩位是兼職）、一位財務長以及一位開發人員。當他們需要更多幫助時，他們會僱用自由工作者與承包商，除非能更省錢才會在企業內部僱用員工。也就是說，他們只在太費力、或太費時而不得不僱用員工時才會僱用，或者只在付薪水僱用員工能為公司帶來價值時才會僱用。Need/Want 公司的模式是根據已實現利潤來成長，而不是根據潛在利潤來成長（是多數初創公司或創投支持的公司所採用的模式）。它們在聖路易市展開業務，而不是選擇舊金山或紐約等典型的創業中心，因為聖路易市的辦公室租金與生活花費更便宜。

由於Need/Want公司高度依賴社群媒體與電子報，這兩者都是可以無限擴展的系統，因此創造出一對多的關係，讓公司不需要更多員工就能接觸更多人。它們只需更有效的傳遞訊息與市場定位——它們總是以工具進行測試，像是在它們的廣告活動與電子郵件活動中採用A/B測試（A/B tests）。A/B測試能讓公司以一小部份名單測試幾種稍微不同的版本，看看哪個版本表現最好，然後將最成功的版本寄給名單上其餘的人。

詹姆士·克利爾——在第二章介紹的作家兼攝影師——已經在他自己的企業中發展出可擴展的系統，用來創造與推廣數位產品。他的電郵名單擁有四十萬名以上的訂閱者，且每週增加一千名新訂閱者，因此他可以選擇創造什麼產品，然後銷售給他們。他的付費產品著重於兩個簡單的規則，這兩個規則既能讓他依然保持於一人公司（有一個助手），也能為他的受眾與購買他產品的人帶來幫助。

詹姆士的第一條規則是，他的產品必須幾乎不用讓他花時間去管理。他銷售的數位課程沒有後續的現場網絡研討會、或培訓課程——客戶就只是購買內容，然後用他們自己的時間觀看預先錄製的影片。他的第二條規則是，對他提供的所有東西收取一次性費用；他不接受任何的預付費用，也不接受後續的顧問工作。如果進行一場主題演講，他會飛到那裡、進行演講、回答問題，然後第二天早上就離開。這兩條規則能讓詹姆士的企業維持小規模，讓他的開銷與花費維持較低，更最重要的是，他能夠騰出時間去做他想做的事情：研究、寫作以及分享。詹姆士在無需進行實質重大擴展的情況下，創造產品並提供可擴展的服務，藉此讓自己的企業發揮最大效益來賺錢，換取他想要的生活方式。

當然，多數人與企業不會像詹姆士那樣逆向思考。人們通常從商業模式開始，然後當他們的日子充滿他們不喜歡的任務時，他們就會變得不開心。詹姆士認為，**不是思考我能創造什麼產品？或者我能提供什麼樣的服務？**他認為我們應該先思考：我想要什麼樣的生活？我要如何度過我的日子？然後，你可以從這些問題逆向思考回商業模式，找出能夠讓你創造可擴展的系統，來為你的受眾提供產品或服務的商業模式。

讓我們進一步進行分析，觀察如何落實系統，以利協助一人公司的創造、客戶接觸、合作以及支援等。

可擴展的創造系統

公司將產品理念、市場行銷，以及銷售從實體生產中獨立出來，已經不是新鮮事。如果做得不好，這種作法可能會產生一些問題，包含低道德標準、不公平的薪水、或是大量廢棄物成為製造業的副作用。

在品牌與生產獨立的初期，大公司認為在生產方面只需實現最低的共同標準，就可以獲得巨大的財富，近年來這種信念也已經被全球化的力量所推動。然而，根據作家、社會活動家娜歐蜜·克萊恩（Naomi Klein）的說法，全球化對工人產生了負面的影響，包括惡劣的條件、低廉的薪水，以及不公平的待遇。克萊恩認為，有一場新運動（非常符合一人公司的思維模式）正在向某些道德有問題、更重視利潤最大化而不重視人的全球品牌告別，而且這場運動會讓企業轉而朝向更慢、更小、或者更隨需求應變的策略發展，讓它們在各方面都更加「公平合理」。

舉例來說，像是 Arthur & Henry 等引領潮流的公司提倡「慢時尚」（slow fashion），並鼓勵顧客更長久、分階段的穿它們的衣服——當一件衣服還很新的時候，先在辦公室穿；然後在週末捲起磨損的袖子隨意穿；再接著當汗漬與破損出現時，可以在庭院工作時穿。理想情況下，破爛不堪的 Arthur & Henry 服裝的最後階段是，成為車庫裡使用的抹布。當我們一次又一次的重複使用每件衣服，從中獲得少許的用處時，我們就能讓農民、製粉業者、裁縫師，以及工廠員工的工作發揮最大效益。Arthur & Henry 對成功的衡量標準是各種形式的永續性：賺取穩定的收入、為慈善機構募款、盡力將環境破壞降到最低，以及讓所有員工的利益最大化。

另一個品牌與工廠獨立的好例子，是由艾莉・丁（Ellie Dinh）與廣・丁（Quang Dinh）創立的 Girlfriend Collective，這間公司已經發展出既符合道德又能賺錢的可擴展系統。它們銷售的產品是臺灣製造的胸罩與緊身褲，產品主要利用回收水瓶的再生塑料來製造。Girlfriend Collective 提倡慢時尚，反對大量生產劣質產品；雖然它的產品訂單的等待時間有時候可能會很長，但顧客都樂於等待。這間公司付給員工的薪水高於最低工資 125%，還提供員工免費的午餐，有人指導運動、休息，健康保險以及每六個月一次的免費健康檢查。它的環保實踐超越政府對製造業的標準，也超越回收與廢水管理的標準。

對於工廠來說，許多海外工廠選擇生產大量的品牌公司產品，這麼做有助於它們保持忙碌，保持低成本：當一間企業夥伴送來較小的訂單，工廠可以選擇為另一間訂單更大的公司生產。如果海外工廠不跟任何品牌綁在一起，它就可以跟任何企業夥伴合作。這種作法有時會減緩生產，但卻能創造出一個更具持續性、幾乎隨需求應變的系統，讓生產永遠不會超過需求。

可擴展的客戶接觸系統

透過不斷努力減少跟客戶一對一的接觸點，並專注於一對多的關係，一人公司可以在不用實際擴大企業的情況下，擴大跟客戶之間的接觸。是的，正如我們在第七章所看到的，私人接觸是極為重要的，而且跟客戶直接交流永遠需要理解客戶，有同理心，為客戶進行調整與修正——但大多數的客戶接觸可以集體完成。

電子郵件行銷就是一個很好的例子。發送一封電子郵件給五萬人需付出的努力，等同於發送同一封電子郵件給一個人。這正是大部分一人公司都高度依賴電子報與電子郵件自動化的原因：這些是建立關係、信任，甚至收入的有效工具。根據 Data & Marketing Association 的報告顯示，電子郵件行銷是一種無需擴大實際規模，卻能有效擴展接觸範圍的模式，平均投資報酬率為 3,800%。

客戶接觸系統並不是只要打開系統、看著系統為你提升利潤就能行得通（這就好像相信你可以種植一棵真正的搖錢樹。）一開始就需透過反覆運算來展開工作，以確保這些系統能最適當的運行。正如第六章所討論，即使是自動化的客戶溝通，個性仍然是必要的，才能讓這些系統更有效。可擴展的客戶接觸系統的關鍵是，讓客戶與潛在客戶覺得他們獲得的資訊是依他們的需求所提供，而不是淪為沒有幫助、令人失望的電腦自動回覆的無限迴圈。

在電子郵件等接觸管道使用個性化與區隔是關鍵。你應該在正確的時間，把正確的電子郵件發送給對的人。否則，你可能甚至會寄出不相關的爆量消息——像是對已經購買產品的客戶進行推銷。像 MailChimp 這類工具是過濾與定位受眾的好工具，讓你可以只向還沒購買產品的人發送產品銷售電子郵件，或者只向居住在特定地區的人發出店內銷售通知，或者只向已經擁有相關產品的人銷售。此外，根據 Campaign Monitor 的研究表明，具有個性化主旨的電子郵件被打開的可能性高26％。Epsilon Email Institute 也發現，經過區隔的自動化電子郵件，比「常態性」爆量銷售方式的開啟率高 70.5%、點擊率高 152%。

為了提高接觸管道的有效性與轉換率，你需要仔細的進行測試。幸運的是，像是電子郵件行銷軟體這些系統，能夠讓你進行 A/B 測試。類似的 A/B 測試也可以透過網站上的行銷資訊來運作，以提高接觸與商業交易。

在我自己的企業中，電子郵件行銷每年帶來93％以上的收入。它讓我能夠跟成千上萬選擇以文章形式接收最新消息、教育資訊、甚至與推銷產品的人接觸。我可以寫一封電子郵件，立刻傳遞給三萬人。我可以教一萬名付費客戶如何使用我的產品，但不需要每天跟每個人溝通。

電子報自動化也可以用來增加客戶教育與保持規模。在客戶購買後立刻寄出自動化電子郵件，告訴他們如何善用他們購買的產品，或回答常見的客戶問題，如此一來可以大幅降低客戶支援請求。在客戶購買產品的一段時間後，利用自動化電子郵件提供最新消息與意見，甚至簡單的留意客戶，也會增加客戶繼續使用產品的可能性，以及他們將購買情況告訴其他人的可能性（例如，透過電子郵件中的社群媒體分享按鈕）。

即使是專注於客戶服務的一人公司，如顧問或自由工作者，也可以使用自動化軟體來減少互動過程中的一對一聯繫，無論是正在進行中的新客戶，或是專案完成後的後續追蹤都能使用自動化軟體。

潔米．莉．霍根朵（Jamie Leigh Hoogendoorn）是一位設計師，也是我「Creative Class」課程的學生，她把處理客戶電子郵件的時間大幅降低，避免花太多時間在「問題很多但最終什麼也不買的客戶（tire-kickers）」上。她透過自動化電子郵件，把大部分認識服務的流程自動化，她在自動化電子郵件裡提供服務與價格的相關資訊，並建立一個行事曆系統，讓人們可以選擇日期與時間來跟她交談（根據她的行事曆上是否有空檔），如此一來，她大幅降低獲得付費專案的時間，讓接觸潛在機會並將它轉變成付費專案的時間，從八至十六小時降低到一小時。她獲得提案的成功率也提高了，因為她的潛在客戶能即時得到她的服務資訊，不需等待她親自回覆他們的來信。同時，潔米的熱情與時尚個性，仍然流露在她使用的所有自動化當中。

「軟體即服務」變得越來越普遍，可以讓我們在一人公司的經營上，花更少時間處理瑣事，花更多時間處理我們核心工作的工具，同時還能幫助我們在不需要擴大我們的時間、員工或費用的情況下，擴展我們的範圍與利潤。

可擴展的合作系統

為自己工作不一定代表**靠自己**工作。即使你的一人公司只有你，也仍有需要跟他人合作的時候——包含承包商、合作夥伴以及客戶。如果你的一人公司是一個小團隊、或者存在於公司內，你甚至會需要更多層的合作。但合作是一把雙刃刀：科技讓我們能夠很快的跟彼此聯系，但卻犧牲了專心、深入的工作。

過去，內部溝通必須面對面，在會議或預定的電話會議上進行，但隨著工作環境逐漸轉向遠端工作與彈性工時，這種溝通方式的效率變得越來越低。能讓企業傳遞消息的工具（例如 Slack）、內部網路，以及廉價或免費的網路電話（VOIP）服務都越來越普遍，讓世界各地的團體不僅能一起合作，更能確實進行協作。

然而，有了這些協作工具，許多公司可能會不知不覺的，讓員工時時刻刻都處於干擾，尤其是如果員工被要求要保持「有空的」狀態、分享他們的行事曆，並且整天跟進群組傳遞的消息。在沒有排定議程的每一天，即時消息都可能會變成全天性會議。

User Onboarding 創辦人塞繆爾．胡利克（Samuel Hulick）認為，像 Slack 這類工具是「半同步」（asynchronish）工具：它們不是真的具備即時性（有時候你必須為了一個答案而無限等待），也不是完全屬於非同步性（沒有即時回覆是預料中的事）。雖然對協作來說，通訊工具的使用可能看似是一大實際進展，但它們通常會讓你陷入長達一整天的不完整對話，就像一個冰滴咖啡壺。

當一個團隊需要腦力激盪、或一起解決一項問題時，即時協作會非常有用，但如果大部分時間都期望能即時協作，那麼它也會完全分散注意力。這就是 Basecamp 與 Buffer 這些公司，讓員工在一天中的大部分時間，脫離協作干擾的原因。舉例來說，除非有緊急情況（這非常罕見），否則在這些公司中，不會期望任何人隨時有空。一般來說，在這些公司中都預計是在幾天之內得到回應，而不是幾分鐘之內。

由於允許協作從面對面接觸，發展到我們所有數位裝置上的通知，甚至是我們在工作之外使用的設備（如手機與平板電腦），因此協作也擴展到會影響我們專心、高效工作的範圍上了。

如果一項專案沒有幾位團隊成員的投入，就無法推進時，那麼進行擴展協作就是有意義的事。絕佳的例子就是「黑客松」（hackathon）——由黑客（hack）（探索程式設計，而非電腦犯罪）與馬拉松（marathon）這兩個詞所組成。在黑客松活動中，幾個小團隊由開發人員、設計人員、專案經理組成，每個團隊都快速、專注的協作，在幾小時或幾天的過程中，完成一個大型專案。他們的工作會有一個具體重點——例如，為公司銷售的軟體提供一項新功能，或設計一個新網站（就像紐約市為地方政府做的網站，以利地方政府跟私部門建立關係）。黑客松活動結束時，每個團隊都會進行一系列的演示，向團隊成員分享結果。

黑客松帶來極其成功的創新——例如Facebook的「讚」按鈕。黑客松之所以有效果，是因為這是一種專注的協作，而不是全天候「隨時有空」的協作。黑客松是很有趣、充滿活力、高效率的活動，因為每個人都在為一項共同的目標進行協作。一旦黑客松結束，每個人都會回歸他們的日常工作。

在本章其他部分，我建議你應該擴展你企業的某些方面，但是協作是一人公司應該縮減的一處——從隨時在線、隨時有空、慢滴傳遞訊息的分心環境，到明確界定一起工作的時間制度，以共同完成大型任務。否則，你每天隨時都要冒著隨時有空而被干擾的風險。

開始思考

- 你可以在哪裡利用自動化與科技進行擴展，好讓你的企業仍維持營運規模？
- 你如何把需要大規模生產才能做到的任務外包出去？
- 你如何在一對多的溝通管道當中，加入個性化與區隔性？

第9章 教你所知道的每件事

布萊恩．克拉克（Brian Clarke）在一九九〇年代中期擔任執業律師，在一間著名的法律公司工作。他唯一的問題是，他想成為一名作家——不僅僅是一般作家，而是可以完全掌控自己寫的內容與出版方式的作家。他想利用新媒體——網路——來達成這件事。

於是他辭去律師工作，開始寫流行文化相關內容，試圖在他的網站上銷售廣告與相關服務來賺錢。不幸的是，這些收入來源並沒有帶來足夠支付生活費的錢。因此，布萊恩開始閱讀行銷大師賽斯．高汀（Seth Godin）的作品來學習市場行銷，內容主要為建立郵寄名單受眾，以及銷售自己的產品而不是為他人的產品打廣告。

布萊恩邁出下一步。由於他仍然擁有他的法律學位，資金也耗盡了，因此布萊恩創立一個網站，結合他對寫作的愛好與他的法律相關經驗。在法學院上課時，學校曾告訴他們，年輕律師需在老牌事務所找工作，因為老牌事務所裡有更多資深律師，而資深律師擁有客戶。布萊恩決定要找到自己的客戶，因此他決定，開始以自己的法律經驗，教導那些想從律師身上學習法律問題的人。他每週免費分享資訊，結果證明這麼做有顯著的成效：因為他寫的內容是具有教育意義的內容，人們信任他的專業知識，於是想僱用他，對人們來說，他不只是一般律師，更是向人們分享所需資訊的人。布萊恩迅速累積大量名單，人們熱切希望僱用他來解決法律問題。

不過，布萊恩依然不想從事法律工作。他朝著他現在經營的企業，採取過渡措施，他決定把重點放在一個能賺錢、網路知識起點也很低的行業：房地產。他利用自己學到的網路內容行銷[21]，跟受眾分享資訊，並創辦兩間目標非常明確的房地產經紀公司。不到一年，他就賺了很多錢，比他如果在第一間工作的律師事務所當合夥人賺得更多。

21 譯註：content marketing。向目標客群傳遞相關的、有價值的資訊，協助他們解決問題，滿足他們的需求，以促使目標客群進行購買行為的行銷活動。

問題是，在這出色的成就當中，布萊恩精疲力盡了。雖然他非常擅長市場行銷與線上教育，但對於不斷成長的公司而言，他卻是個糟糕的管理者。他的兩間經紀公司需要做大量的工作，因為他從來沒有記錄經營公司所涉及的流程，最終他只能自己完成大部分的工作。後來，在二〇〇五年他發生一場災難性的滑雪事故，讓他好幾個月都無法工作。他利用康復期，趁著機會出售兩間經紀公司，但兩間公司的新老闆都不知道，公司的營運涉及哪些流程（布萊恩的檔案不足，肯定毫無幫助），因此它們很快就破產。

布萊恩起初將 CopyBlogger 當成副業經營。在他發生意外之前，他沒有存夠錢能將它當全職工作，所以他為了支付生活費，做了更多的顧問工作。網路上開始注意到，內容、分享以及教育可以相互結合，成為企業的合理行銷方式。因此，專注於教公司如何使用內容行銷的 CopyBlogger 漸漸蓬勃發展。

因為有了先前網路房地產企業的經驗，布萊恩意識到，他的競爭優勢在於，他有能力向競爭對手分享，而這就是他用 CopyBlogger 在做的事——他向迅速成長的受眾，分享所有他知道的內容行銷相關訊息。布萊恩認為，藉由向不斷成長的郵寄名單分享內容來建立受眾，是一種強而有力的商業模式，因為你可以準確的了解這些不斷成長的受眾想要什麼，然後再為他們建立他們想要的東西。他從賽斯・高汀身上學到，要向那些真正想聽你說話的人銷售，因為你一直在跟他們分享，這會比你在網路上，打擾那些可能不認識你的陌生人更有效。這個想法每年都被證實是正確的，因為 CopyBlogger 推出的每個產品都越來越成功。而且每個產品都根據受眾的意見、與受眾互動所得到的直接情報。這種「透過內容進行教育」的方式建立了必要的信任，因此轉化成銷售。

當然，老套的銷售模式是操縱：對潛在客戶施壓，直到他們讓步購買為止，就像眾所周知死纏爛打的二手車銷售員。但是出色的銷售員——從汽車經銷商、房地產經紀人、到 B2B 賣家——知道，當你確實的評估某個人的需求，然後告訴他們，你所銷售的東西有何價值時，銷售量就會增加（如果你的產品不符合他們的需求，你也需要讓他們知道這點。）分享內容與資訊是有效的銷售過程起步的方式，因為能幫助潛在客戶了解他們的需求、為什麼需要、以及你的產品如何幫助他們解決問題。

現在更名為 RainMaker Digital 的 CopyBlogger，充分利用這種「分享一切」的精神：

它目前每年收入超過一千二百萬美元，擁有超過二十萬名客戶，向他購買內容管理軟體、線上課程以及 WordPress 主題。這間公司的成功並非來自努力實現更高的利潤或更多的銷售，而是因為它們完全著重於受眾需要學習的東西是什麼，然後教導他們這些東西（透過免費的文章與付費的數位產品）。顯然，這間公司因為正確的優先順序而得到回報。

身為一人公司，如果想要脫穎而出，並且建立起受眾，你就必須公開分享，教導競爭對手，而不是想著要超越他們。這種作法能帶來一些正面結果。

首先，透過分享跟受眾建立關係，他們會視你為老師，也會視你為分享主題的領域專家。如果你每週透過網路，在電子報上教受眾法律相關問題，他們會開始相信你的見解，然後就會像布萊恩一樣，當他們在法律問題上，需要僱用能幫助他們的人的時候，你會是他們首先想到的人。

公開教導競爭對手的第二項好處是，有機會向受眾展示你銷售的東西有何優勢。舉例來說，如果你銷售的是插電式電動汽車，你可以教人們這類汽車的好處——不用花錢加油，他們每年能省下多少錢，為什麼它比汽油車更安全，如何做到比汽油車更安全，這種車對環境的影響更低等等——向他們展示，他們會想從你這購買的全部原因，不是公然向他們銷售，而是你以真誠、有說服力，以及有教育意義的方式，向他們提供他們需要的資訊，然後讓他們自己決定，這項購買是否適合他們。

教學有效果的第三個原因是，藉由教育新客戶如何最適當的使用你的產品或服務，並向他們展示如何充分利用它，或如何利用它取得最大成功，你能確保他們成為長期客戶，並告訴其他人他們的正面經驗。對一人公司來說，教學的最後一個原因是，除了某些專有資訊——像是你還未執行的想法、商業策略、或可取得專利的科技——之外，大部分的想法或過程，都不需要妥善被保存在安全的地方。在幾乎所有領域保持透明，同時開誠布公的經營你的公司，能幫你建立與客戶之間的信任。

空有想法是毫無價值的

你聽過多少人說過類似的話：「早在亞馬遜（Amazon）、Zappos、Google 出現之前，我就有這種想法了——我應該是個有錢人！」但是思想並不是有效的貨幣。在商業上，執行才是唯一有效的貨幣。

這可能會讓人覺得是個相當有爭議的觀點，因此要再說得更清楚一些。空有想法之所以毫無價值，是因為它處於執行**外**。所以，舉例來說，成長應該受到質疑的這個想法本身，是我多年來一直在網路上、在我的電子報與播客頻道中，以及跟任何願意傾聽的人分享的東西。然而，在有版權保護的書中分享這個想法是不同的。著作權的目的不是為了保護這個想法（如果有更多人寫這個主題會是很棒的事，我也鼓勵這麼做），而是為了保護執行——幾個月的研究與寫作，讓這本書有系統的以具體文字與流程來表達。保護智慧財產權是很重要的，但是保護一般想法並不重要，因為你如果只是擁有一個想法，那麼你還沒有完成這項工作。

廣泛的分享你的想法，不僅有助於建立銷售產品的追隨者，而且有助於把焦點圍繞在產品所代表的核心價值觀與思維。有了更多書、更多研究以及更多想法，圍繞著質疑成長這個想法，最終成就這本書與其他類似的書。

終極格鬥冠軍賽（UFC）——混合武術格鬥組織——的想法始於一九九三年，但是那些試圖讓這個想法實現的人，幾乎因為規則不符、政府的反對而破產。換句話說，這個想法雖然存在，但並未執行——因此它並不賺錢。直到兩間賭場巨頭參與，加上實施符合政府標準的規則修改，終極格鬥冠軍賽才變成十億美元的企業。這個想法本身還不足以讓終極格鬥冠軍賽蓬勃發展，它需要被正確的執行（以及我合適的人參與執行的管理）。

許多大型、賺錢的全球性公司，核心要點就是把舊想法執行得非常出色。Facebook 就只是一個更好的 MySpace 社交網站，這兩者本質上都是數位聚會場所。計程車把人們從A點帶到B點，Uber 或 Lyft 也只是剛好想出如何讓這項服務更方便。這些都不是十億美元的想法，相反的，它們是十億美元的思想執行。這就是一人公司不應該為分享它們的想法感到擔心的原因，因為它們的想法不是專有的，它們只要專心執行就不需要感到擔心。

此外，也幾乎很少有全新的想法。大多數的想法只是重複現有的公司、計畫、想法或解決方案。如果你花費大量時間與精力來保護想法，而不是分享它們，你可能就無法透過別人批判性的回饋，讓這些想法變得更好。即使向潛在客戶分享你的商業想法，也有其好處，因為他們可以在你投入大量時間或資源之前，提前權衡，並甚至協助你把想法塑造、定位得更好。

分享的最大缺點就是……一無所獲

潔西卡·艾貝（Jessica Abel）是一位漫畫書藝術家、作家兼老師——包括在網路上與賓州美術學院授課，她也在賓州美術學院擔任插畫主席。

教導她所知道的一切，這件事已經融入她的骨子裡。她一九九〇年代的第一個網站是創作自己的漫畫書，從那時起她就一直在教別人。雖然她現在專注於推出創意想法，她也會分享她所有的專業知識。透過分享，她為自己的企業跟受眾建立信任，讓他們相信她是領域專家。

身為任課老師，她知道她第一次教的課程，可能會是做得亂七八糟的工作——她肯定會讓素材發揮效果，並向她的學生解釋概念，但隨著第一輪教學產生的問題與誤解，她對於教學大綱中需要重寫、或重新思考的內容，有了非常清楚的想法。因此透過課堂教學，她得到實質的回饋，讓她的教學更上一層樓。換句話說，她獲得的受益和她的學生一樣多。如果沒有開始教學生，然後從他們的回饋中學習，她就沒辦法為學生提供一流的課程。

客戶教育——為受眾提供知識、技能，以及能力，讓他們成為有知識的購買者——是銷售過程中最重要的部分之一。由於我們和自己銷售的東西太親近，以至於我們會認為其他人也是這方面的專家，或者認為我們知道的事其他人也都知道，但大多數的情況並非如此。客戶並不會總是知道自己不了解什麼，或者對某些事不夠了解，以至於無法了解那些資訊對他們、或他們的企業有多大的用處或益處。

過去的公司並非都熱衷於投資在客戶教育上，因為它們沒有從這件事看到明顯、或直接的經濟效益。傳統的（但無知的）智慧是，如果你教客戶你所知道的一切，或分享行業的隱藏技巧，你的客戶就會自己利用這些知識，而不向你購買東西——或者甚至更糟的是，他們會帶著從你身上獲得的知識，向競爭對手購買。但這些恐懼只是迷思。事實上，根據麻省理工史隆管理學院（MIT Sloan School of Business）的安崔斯．艾辛格瑞奇（Andreas Eisingerich）與西門．貝爾（Simon Bell）所做的研究表示，發生的情況正好相反。

艾辛格瑞奇與貝爾對一間投資公司的一千二百名客戶進行研究，他們發現當客戶接受更多教育，更了解投資公司提供的金融產品有何優缺點，他們對公司的信任感就更高，對公司發展的忠誠度也更高，並且更加感激公司的客戶服務花時間教育他們。

事實是，許多公司使用行銷手法或不實廣告，欺騙消費者做出快速、或衝動的決定。但如今，越來越多消費者要求提供誠實、直接的產品資訊，讓他們可以依照自己的速度做出購買決定。你可以藉由向客戶提供這類重要的知識，讓公司與客戶之間形成緊密的連結，因為在他們做決定之前，如果他們有疑問，你就是他們最有幫助的學習來源。

讓我為你們舉個例子，說明如何進行。Casper 是一間全新類型的床墊公司，它完全專注於直銷與網路行銷（類似 Need/Want 公司），利用睡眠教育間接銷售它的產品。過去，想買床墊的人會去賣床墊的實體店面，躺在幾張床墊上測試，然後選擇其中最舒適的一張床墊。由於 Casper 的銷售完全在網絡上進行，公司決定採取一種不同、更加注重教育的方式來銷售產品，這種方式破壞了傳統的購買模式。Casper 透過「Van Winkles」與「Pillow Talk」兩個線上刊物，教育顧客為什麼擁有穩定的睡眠是很重要的，它沒有直接銷售床墊，也沒有一大堆廣告或購買連結。相反的，它們傳達 Casper 在睡眠科學方面的一切所學，讓它們的品牌獲得更大的消費者信心。加上它提供的試用期遠優於競爭者——如果不滿意，100% 全額退款。Casper 沒有發展零售店或批發經營，就已經贏得了市場份額。

一人公司遵循這種教育客戶的新趨勢，會是很明智的選擇。分享產品或服務的相關重要資訊，為新客戶提供如何使用與充分利用這些資訊的關鍵見解；你甚至可以向人們展示，他們沒有想到的產品使用方法。少了這種分享，可能會引起客戶的沮喪或不信任。他們甚至可能會選擇從別人那裡購買替代產品，只因為他們不了解，如何正確的使用他們從你這裡購買的東西。

因此，藉由分享你的產品相關資訊，你能幫助你的客戶根據你所分享的所有資訊，了解為什麼你的公司確實是他們的最佳選擇——在不把這個選擇直接推給他們的情況下，你能夠做到這一點。

顯然，這一切的主要驅動力是網路，它讓教育民主化。企業應該察覺——客戶教育是新的行銷形式。教育能為產品創造出真正的區別，它讓產品從人們出於功利原因而草率購買的產品，變成是他們真正渴望購買的產品，因為這項產品能為他們的生活帶來實際用途。身為一人公司，教導人們你產品的相關資訊，會讓你變得與眾不同。

舉例來說，如果你銷售郵寄名單軟體，就一定要教導你的客戶，電子郵件行銷的重要性；如果你銷售運動內衣，就一定要教客戶健身或跑步的科學；如果你賣行李，就教客戶旅遊妙招。

透過教學建立權威

如果你是一人公司，那麼表現出自己領域專長的權威是非常重要的，因為沒什麼好隱藏。這就是你。

當談到業務與行銷時，消費者很容易被更大的公司吸引，大公司似乎「更安全」，只因為它有更多人與基礎設備來支援它。權威是對付這種本能反應的對策，因為你可以讓客戶認為你是自己的銷售領域權威，藉此減輕客戶的任何疑慮。他們不僅會相信你知道答案，也會相信你提供的是正確答案，無論競爭對手多大，這是你能幫助他們方式，而競爭對手卻做不到。

換而言之，我們所談論的是，創造一個環境，讓客戶尊重、重視你的意見，因為你透過教育他們，表現出相符的能力。

藉由建立這類權威，你可以在任何行業中脫穎而出，因為你的同行與客戶都會向你尋問專業知識，無論你的公司規模大或小。口碑會透過這樣的方式建立出來，從Google上可以順利的找到你，你被邀請去演講等等——全都是因為你的專長很有價值。但你該如何建立權威？該如何運作呢？

如果你回想一下你所在行業的領導者，你會發現那些人具有權威形象——像是平面設計領域的黛比．米曼（Debbie Millman），或是電動車領域的伊隆．馬斯克（Elon Musk）。我們可以從這些人身上尋找答案，從他們身上學習，如果我們是他們教育的一部分受眾，我們也可能向他們購買東西。

在目前的商業領域上，只告訴人們你是權威是不夠的——你必須透過分享你所知道的東西與教導別人，展現你真正的專業知識。你不是透過支持自己來建立權威，而是透過教你的受眾與客戶。如此一來他們才能真正學習、理解，以及成功。當你能持續做到這一點，你就是在建立與奠定正確的權威。

教別人你的專業知識，之所以可以讓你被定位為權威，只是單純因為你透過教學，向別人展示如何做某件事。如果人們認為自己被推銷，他們會有所防備。但更多時候，如果客戶覺得他們在學習一些有用的東西，他們就會敞開心胸參與其中。你教的越多，你的受眾就越認為你是專家。然後，當他們買東西時，他們會發現自己想為更多的專業知識買單。艾默里大學神經科學家格雷戈里・柏恩斯（Greg Berns）在二〇〇九年做的一項研究發現，當我們收到專家的建議時，大腦的決策中心會減速或關閉。客戶始終把專家視為最值得信賴的發言人，信賴程度遠遠高於具代表性的執行長或名人。

Basecamp 沒有設定客戶轉換[22]或客戶成長的內部目標或配額——它的唯一任務是，以寫書、研討會演說、甚至在芝加哥辦公室舉辦講習的方式，分享與教導每個人。這些被稱為「Basecamp 工作方式」的活動，會分享 Basecamp 成為一間成功的公司所做的一切，包含內部溝通與管理組織。毫無隱藏與保留。這些需要花費一千美元的講習，通常在幾分鐘內銷售一空。Basecamp 因為分享自己知道的事，向他人展示如何成功經營自己的公司，因此它們成為一間不拚命追求成長的科技公司專家。

這些專家之所以脫穎而出，不是因為他們身在哪個行業，而是因為他們教別人自己所知道的東西。他們慷慨的分享，表達自己的想法。他們不擔心是否有人會偷取他們的新思想，變成一項產品、服務、或一本書——他們只是以自己獨特的風格與個性，比其他人更快、更好的執行與分享想法。這種方法帶來了企業的成功。

對一人公司來說，透過教學建立信任與專業知識，就像其他任何事一樣。當某人接受你所教的內容時，他們自然會信任你所分享的資訊。如果你能持續提供你的受眾有用、相關，以及即時的知識（以你的郵寄名單、演講活動、網站等等），他們會開始依靠你獲得更多的資訊（接著你可以收費）。教學也不需要大量的時間、資源、甚至金錢——你只需向願意聽的人分享你的所知，就這麼簡單。

總而言之，教導你所知道的一切，並且不要害怕分享你最好的想法。

22 譯註：conversions。意思是把潛在客戶變成真正的客戶。

開始思考

- 你可以開始向你的客戶、受眾分享什麼?教他們什麼?
- 你如何更專注於執行想法,而不是保護這些想法?
- 你能在消費者教育方面進行哪些投資,讓教育成為你的行銷管道?
- 你能分享什麼,讓你或你的公司成為利基市場的權威?

第3部

維持一人公司

傑夫迷戀極簡單的設計與排版，但卻找不到符合這種審美觀的服裝，於是他創立了 Ugmonk。傑夫並沒有規劃一間有工廠、有倉庫以及有供應鏈的大型服裝公司，他從父親那裡借了兩千美元，並且制定一個儘快實現利潤的計畫──將生產外包給製造品質與道德觀和他想法一致的 T 恤印製廠，然後就開始工作。

起初，他只以四款設計與少量的兩百件衣服經營，因此在償還小額貸款之後，很快的就能獲利。在第一輪、第二輪、第三輪他的 T 恤賣完之後，他才訂購更多的存貨。他找出自己公司的可生存的最低利潤，慢慢發展，循序漸進的反覆改良，再慢慢提高生產量、業務量，小心翼翼的避免太快擴張公司規模。

第10章 適當的運用信任與規模

葛林．爾本（Glen Urban）對於信任在網路消費者與企業方面的應用，已經有二十年的研究經驗。網路的興起不只讓數位購物成為現實，更讓消費者能針對這些數位購物進行評論，賦予了消費者很大的力量。

爾本的研究結果一致發現，信任與一個人思考、嘗試或購買產品的傾向高度相關。這些發現早於網路興起的時代，可追溯至建立一對一關係的家庭經營商店；由於這些商店受到信任，客戶相信它們會以公平價格提供好產品，因此購買變成建立在人際關係上的多世代商業交易。網路進一步放大這些關係，並透過社群媒體、軟體以及電子報等工具的使用，擴展這些關係。信任、透明度以及溝通依然是絕對必備的，但你可以在無須擴大企業規模的同時，擴展你跟客戶的關係。

爾本發現，由於亞馬遜與 eBay 允許消費者在網路上張貼購買評論（經過驗證），因此當人們想更了解自己想購買的產品時，這項功能可以幫助人們建立信任。雖然這個審查制度有時可以被「操縱」，公司也可以僱人來填寫好評，但亞馬遜與 eBay 一直在努力確保不會發生這種事。

在某些行業，如航空公司與手機供應商，信任不是不存在，就是經常被打破。這些行業面臨成本壓力，以及消費者對最低價格的偏好，迫使它們將成本削減到極致的地步，甚至損害它們對待客戶的方式，造成消費者信任感嚴重不足。

甚至是財富管理服務也被網路改變。隨著意見與資訊在網路上被分享，財富管理服務重視「佣金」勝過「基金業績」的高壓銷售模式，正受到 WealthSimple 等新型理財機器人的挑戰。傳統銀行讓銷售人員從費用裡抽取 50％的佣金，但 WealthSimple 與其他類似的自動化管理服務，只根據客戶的回饋與幸福感發放獎金給它們的顧問。它們把費用公布在網站上供任何人參考，以便他們跟其他考慮的財富管理服務進行比較。

Ellevest 是一間財富管理公司，它以女性為主建立投資的新方法（根據風險偏好、性別薪酬差距以及女性預期壽命較長），同時公司需承擔信託責任，在任何時候都以客戶的最佳利益行動，且不能使用客戶的資產為自己獲得收益。當財務管理服務原本銷售產品的隱藏動機消失時，也就是銷售產品不再是為了從交易中獲得佣金時，消費者的信任就會增加。這就是WealthSimple與Ellevest等透明化的公司，正迅速獲得新客戶且客戶流失率不高的原因。

爾本認為，信任是在產品開發之前就得開始的策略。一間以信任為基礎的一人公司，會從創造真正能解決問題的東西開始；接著，在公司誠實的把產品的好處與結果傳達給客戶之前，會嚴格的測試產品的有效性。在這項策略之下，留住客戶會比流失舊客戶與不斷獲取新客戶更重要。

汽車經銷商因為矇騙客戶而惡名昭彰，像是所謂的「檸檬」[23]車，或竄改里程表等事件。爾本在觀察網路對汽車銷售的影響時，他發現網路能讓人們分享資訊，如汽車價格的發票、安全評級、根據車輛識別號碼（VIN）的汽車報告、甚至經銷商評論等資訊，因此消除了經銷商欺騙客戶的能力。現在當你走進一間汽車經銷商，你了解的資訊和試圖銷售新車或二手車給你的人一樣多，或甚至更多。

當汽車經銷商發現人們分享這些資訊的時候，它們第一個想法就是透過任何必要的手段來阻止——但網路就是如此，它們是沒辦法阻止的。快轉到現在，汽車經銷商與銷售人員幾乎都已經接受透明度化的新趨勢，現在也都致力於讓客戶以正確的價格買到合適的車。如果它們不以這種方式銷售，客戶都會知道（因為他們知道別人購買類似的車付了多少錢），他們也會談論（在評級網站上留不好的評論）。這就是為什麼某些汽車製造商，現在是以固定價格而不是談判價格來銷售，例如馬自達（Mazda），因為如果客戶知道其他人買一台車花費多少錢，如果自己沒有以最低價格購買，他們會覺得被占便宜。每個人都付同樣的錢，每個人都會很快樂。

因為更多的分享與被迫透明化，讓消費者的力量增強，企業不得不接受創造雙贏的局面，在進行銷售的同時也要讓客戶感到開心。但企業該如何平衡信任與成本？例如，航空公司過去無法找到這種平衡與獲得信任，直到它們公開托運行李的成本、去除隱藏費用，以及永遠不會因為超賣機票而將客戶趕下飛機，它們才獲得客戶的信任。

爾本在研究公司與消費者之間的信任如何建立時，他發現信任有三方面：信賴

---

23 譯註：指品質不好、有瑕疵的車。

（「我相信你說的話」）、能力（「我相信你有能力做到你所說的話」）以及善意（「我相信你是依據我的利益來行動」）。他也發現有許多公司都是客戶利益的擁護者。這是一項誠實與透明的長期投資，每家一人公司從一開始都必須採用它。

透過代理人建立信任

為什麼客戶的信任對你與你的一人公司很重要？因為推薦的力量——或口耳相傳——能夠讓你透過代理人建立信任。如果你的好朋友告訴你，有一件產品很值得購買，那麼你會相信，因為你信任你的朋友；接著，你一部分的信任感就會轉嫁到他們推薦的產品。這在網路上也能引起某種程度的作用：你關注的人已經贏得你的一些信任，所以你傾向於信任他們的建議。

根據尼爾森（Nielsen）調查，92％的消費者會更相信家庭或朋友的推薦，勝過其他任何形式的廣告。口碑行銷協會（Word of Mouth Marketing Association）發現，口碑話題帶來的銷售額，比線上付費媒體帶來的銷售額多五倍，而且口碑行銷每年帶來六兆美元的客戶消費。美國電信服務商 Verizon 與小企業趨勢（Small Business Trends）

的研究發現，小型企業的老闆將引薦與推薦視為獲取新客戶的首要方式，而且這種方式獲取的新用戶數量，大幅超過以搜尋引擎、社群媒體、或付費廣告方式所獲取的新用戶數量。

為什麼口碑行銷或推薦行銷，在任何規模的企業中都不常出現呢？有幾個原因。有些企業希望口碑行銷能在它們不需要做任何努力的情況下，就能自然的發生。另一個原因是，推薦難以衡量，因為推薦可以透過任何媒介產生，從咖啡店談話，到社群媒體上的私人（無法追跡）訊息傳遞。另一個企業不依賴推薦的原因是，這種方式很難迅速擴大規模。對於一間專注於指數型成長的大企業來說，這種方式可能不好，但對一人公司來說，這是很好的方式。你不需要大幅成長或擴大規模來實現利潤，因為你能看見少量的好處，你可以利用產品與客戶關係來建立推薦。

一人公司可以真正從口碑行銷中受益，因為一人公司更容易建立這種人際關係，也與客戶保持更密切的聯繫。爾本發現較小的企業能透過推薦來成長，因為它們可以只專注於自己的特定受眾，並且與他們建立關係（即使以數位方式進行）。小公司的優勢是可以接受投訴然後親自解決。

你該如何把你的客戶變成品牌擁護者，並且讓客戶以煽動性的談話跟他們認識的人分享**你的**企業？德州理工大學的一項研究發現，雖然有83%的客戶願意提供推薦，但實際上只有29%的客戶會這麼做。對多數企業而言，這代表錯失鼓勵那些滿意的客戶去積極推銷你們產品的一大良機。顯然，你首先需要有一項好產品，還要加上好的客戶服務；否則，再多的誘因也不會為你的產品創造擁護者。在我自己的企業中，我在客戶購買商品後一週，會自動發送一封電子郵件詢問客戶，如果他們對購買的東西感到滿意，請他們跟其他人分享他們的滿意（使用預寫信件提供的連結分享），藉由這種方式，我讓我的其中一項產品的分享量增加了一倍。

哈里斯民意調查公司（Harris Poll）為Ambassador Software進行的一項民意調查發現，88%的美國消費者為了某些獎勵，願意分享他們喜歡的產品，而且介於十八歲至三十五歲的人，他們的分享意願上升至95%。獎勵是向使用者宣傳的另一種方式，但可能會很棘手。如果人們發現利潤是推銷產品的唯一原因，提供現金獎勵有時會降低信任感。消費者會對小折扣、獨家「贈品」、特別優惠，以及獲得頂級功能等獎勵感到滿意。他們也喜歡雙向獎勵：推薦人與購買人都得到一點獎勵，例如，如果我推薦你購買彩虹小工具，我們都可以在下一次購買彩虹小工具時獲得三十美元的折扣。雙向獎勵的好處是能夠提升重複銷售的可能性，而不是只有增加一次銷售。

另一種獎勵的好方法，就是回報最佳忠實客戶。MailChimp 以送忠實客戶獨家贈品而聞名，像是贈送客戶一件設計得很不錯的T恤（大多數甚至沒有 MailChimp 的標誌），或是贈送「Freddie」公仔玩具（Freddie 是公司標誌上黑猩猩的名字）。接著人們會在社群媒體上張貼照片——標記 MailChimp——秀出他們穿著的新衣服，或他們桌上的 Freddie 公仔玩具，讓他們所有的追蹤者看見。

我們先前提過的 Ugmonk（我在第七章講過它的故事），它以產品的品質為基礎，享有大量的口碑——Ugmonk 的衣服非常時尚，以致於人們想在社群媒體上分享。另外，人性化的客戶服務也是為它創造大量口碑的原因（必要時它們會提供一件替換的衣服，甚至不會要求客戶把原來的衣服還回去）。創辦人傑夫・謝爾頓觀察到，擁有一款能引起注意的產品，能帶來潛在的擴散式行銷：有一次他在機場時，因為他穿的衣服設計很與眾不同，有三個人攔住他，問他從哪裡買到他身上穿的 Ugmonk 上衣。他因為專注於為他的受眾，慢慢把自己的產品做得更好、更時尚，因此他只透過推薦，就能創造出可持續成長的方法。

另外，除了提供產品的企業，推薦對提供服務的企業也是有幫助的。以服務為導向的一人公司（顧問、自由工作者、以客戶為主的公司）可以從口碑推薦獲得很大的益處。事實上，Drip（一間電子郵件服務提供商，類似MailChimp）做的一項調查發現，在以服務為導向的公司中，有50％的新客戶來自口碑行銷。這個調查結果絕對值得銘記於心。

一間以服務為導向的企業能真正利用口碑行銷之處，就是簡單的後續追蹤。在專案完成的幾週後跟客戶交談，能獲得兩大好處。第一，能夠根據客戶觀察到的真實結果，收集產品見證或成功故事。如果你在專案完成後，就立刻要求客戶提供產品見證，會讓客戶幾乎沒有充裕的時間，收集任何以結果為基礎的數據。藉由幾週、或幾個月的後續追蹤（取決於衡量結果所需要的時間多長），你可以從客戶身上獲得更好的故事，用於你的行銷活動之中。第二，建立客戶後續追蹤明細表，隨後你可以詢問他們（假設專案進展得很順利），他們是否有管道得知，其他能從你的服務中受益的企業——或者詢問他們是否有興趣，跟你一起籌畫另一項專案。藉由建立客戶的後續追蹤明細表，你可以將推薦轉變成真正的策略，而不是單純的更新你的收件匣，每天期望會有消息出現。

口碑也可以通過分段式自動化的可擴展系統來誘發（正如我們在前一章所見）。舉例來說，在客戶購買你的產品的一週後，你可以發一封電子郵件，詢問他們對購買的產品喜愛程度有多少，從一到十的範圍選擇喜愛程度。接著第二封電子郵件，你可以制定一個獎勵計畫，把信件只寄給那些喜愛程度在七以上的人，以雙向獎勵與預先寫好的文字，讓客戶分享到他們的社群媒體動態或電子報。對一人公司而言，把現有的、忠誠的客戶視為品牌擁護者——不是試圖跟任何想賺快錢而推薦你的人建立一個聯盟行銷——能創造更大的信任，因為那些推廣你產品的人，已經與它有直接關係。這些客戶可以講述，他們購買你的產品或服務有何受益的故事。

以市場區隔建立信任

很不幸的，很多人會以消極的態度來看待行銷，尤其是具有創造力的人。

實際上，他們真的不該排斥。行銷只是與特定人群持續溝通，藉此建立信任感與同理心。在任何人購買任何東西之前，都需要先建立信任。這就是廣告郵件與電話推銷成功率極低，而且需依賴海量推銷的原因——相反的，這也是高度鎖定目標銷售的電子郵件成功率高，且規模更小的原因。對於想購買你產品的人而言，他們必須感受到，你了解他們的需求，並且能為他們提供解決方案。這沒辦法透過把所有人當成銷售目標來做到，但是可以透過跟少數、特定人群持續對話來實現。沒有任何公司或產品，能夠好到不需要考慮或運用行銷。無論你的產品有多好，如果你沒辦法接觸正確的受眾，你就無法維持你的企業。

市場行銷也不再是大公司中的孤立工作單位——它已經植入企業的每個角色與層面，從客戶支援到產品設計。它也不再是單一事件——例如，只著重於產品上市。市場行銷是你公司所做的一切總和，是你與潛在、或實際客戶的透過任何方式的互動，或是他們看到的電子郵件、非正式談話，以及推文等等。

一人公司能夠把它們「更注重改善，而非成長」的精神，運用在市場行銷方面：專注於特定利基市場，而非大規模的市場。在較小的客戶群當中，信任感更容易建立，因為更容易脫穎而出成為專家，或更容易收集利基市場中其他行業專家的推薦。

近年來，大公司將行銷與推廣工作的重點放在收集「虛榮指標」——例如社群媒體的追蹤者數量、訂閱人數、或點擊量。但這些指標不見得和營收、利潤、或聲譽有關聯。也就是說，這些指標沒辦法衡量互動或信任——這些指標只能看出，某些類型的行銷誘餌吸引到多少人。由於這些公司認為「收集」更勝於（和客戶）「建立關係」，這些公司變得越來越深陷於收集粉絲專頁上的按讚人數與追蹤者，忘了與已經在傾聽、關注、或購買你產品的客戶建立關係。相較於擁有十萬名只想得到某些東西（像是免費的 **iPad**）才追蹤你公司的追蹤者，擁有一百名熱情、渴望購買你推出的任何產品的粉絲，更能帶來倍數成長的效果。

賺錢通常比贏得信任更容易，因為錢可以在失去後再贏回，且不須經過評判；然而一旦喪失信任，就很難再重新獲得。你必須將你的言論和你公司的言論，當成你與客戶的契約。這就是許多一人公司，在競爭激烈的行業中脫穎而出的方式——只不過是去實踐它們說過會做的事，並且兌現跟客戶之間的社會契約。即使像亞馬遜這種大公司，也有建立在信任基礎上的服務。首先，亞馬遜承諾在七天內交貨，後來變成二天交貨。現在，在某些地區（非森林裡或島上），亞馬遜在當天就能送達貨物。我們因為相信訂單可以很快送到，所以從亞馬遜購物，另外，如果我們不滿意，退貨也很容易。所以先有信任，才有商業行為。

在信任行銷中，一群人對你的信任，足以讓他們投入自己的注意力、電子郵寄地址、金錢到你的公司。這種行銷需要你永遠遵守你的承諾，並與他們持續對談。

雖然，把你的行銷工作、信任建立工作的重點，放在一小群特定人身上，是一件看似有違直覺的事，但這樣做還是有好處的。你提供產品或服務的對象越具體，你就越能與特定受眾建立信任。關注利基市場的矛盾現象是，當你的對象越具體，你就越容易向這群人銷售，而且你越有可能因為專注於利基市場，而收取超出正常的費用。因為這種專注的心態，你可以更加了解利基市場的具體情況，學習如何更有效的服務客戶，並在這個小型利基市場為自己建立名聲。

柯特・艾斯特（Kurt Elster）是一位電子商業顧問，他沒有花時間來建立一般電子商務顧問服務的受眾，而是全心專注於 Shopify 上的商店老闆，只為使用 Shopify 的店主提供顧問服務（超過四十萬間企業使用 Shopify 電子商務平台。）由於柯特利用這個利基市場，在更小、更具體的受眾中建立信任，他已經讓收入成長八倍，並為自己建立 Shopify 顧問專家的名聲；他甚至出現在 Shopify 的網站精選。他幫助 Shopify 商店主的名聲，反過來為他帶來更多領先優勢，讓他能為自己的服務制定更高的價格，也讓他得以在全世界進行演講。如果你有一間 Shopify 商店，你會相信誰能幫助你——是一般電子商務顧問，或是柯特這樣只著重於 Shopify 的人呢？

信任不需要大額預算

把客戶的幸福當成首要任務，重要性勝於獲得新客戶，而且鼓勵客戶分享你的企業，你所需要的宣傳花費就會更少。對於一人公司來說，它們可以在任何規模之下盈利，這種緩慢但可持續的成長是有意義的。首先你要創立以信任為中心的企業，接著建立客戶喜愛的產品，確保他們接受過產品教育，也確保他們對自己購買的產品感到滿意，然後提供系統化方式讓客戶與他人分享自己的成功案例。

這不需要大型廣告看板、大額廣告支出、或付費取得新客戶。當你把信任視為經營企業的主要影響因素，你會累積一大群忠誠粉絲——不僅僅是向你買過東西，卻忘記你的大量客群。

事實上你不需要超級盃[24]的廣告。相反的，身為一人公司，你可以在網站與部落格寫特稿，為現有客戶創造激勵方案，或出現在你行業範圍的播客上，藉此獲得更好的效果。

Airbnb 前內容行銷負責人艾力克斯・波尚（Alex Beauchamp）表示，她從不希望她推動的任何內容達到「病毒式擴散」效果。她不想為了達到病毒式擴散效果，而陷入困境。除此之外，通常當企業不了解它的目標受眾是誰，想試圖吸引所有人的時候，病毒式擴散效果才會發生。如果你希望你企業提供的一部分內容，能產生十億次瀏覽量，那麼你可能不了解該內容的目標，或者它究竟是為誰創造的內容。跟利基市場的受眾互動與聯繫是更重要的事，這麼做的成本也更低。

艾力克斯目前在 Edmonds.com 擔任內容總監，在內容行銷上，她了解信任比病毒式行銷更重要。Edmonds.com 身為客觀的第三方汽車評論網站，它的廣告或贊助內容，不能讓人看起來像是偏袒任何一個汽車品牌。這會立刻破壞特定受眾對它的信任。因此，艾力克斯與她的團隊根據每輛車的優劣建立公正的評論，供忙碌的汽車買家受眾使用。她表示最好的平台，就是你已經擁有的平台——藉由滿足那些已經在傾聽、關注的人，你也可以吸引到其他人。

如同先前所述，教育是一種建立客群的更好、更便宜的方式。當你教客戶如何使用你的產品，或者能為他們的企業或生活帶來什麼好處時，信任就是自然的結果。例如，BoatUS 是一間為水上交通工具提供保險和拖吊服務的公司，它用手機 app 為客戶與非客戶提供教育，以水災警告與潮汐圖表為特色——免費的。如果你的企業變成資訊來源，表示你在為客戶提供所需的資料，以利他們做明智的決定（即使他們決定不從你的企業購買產品或服務）。這種類型的教育，例如你網站上的免費資源頁面，或是一個小型但免費的 app，都是具有成本效益的方法，既可以宣傳你的產品，又可以讓客戶信任你。

傑森．福萊德告訴我，Basecamp 最近在社群媒體廣告上花費約一百萬美元，以付費取得新客戶。但它們很快就停下來，因為它們發現這些廣告，並不如它們現在所做

24 譯註：美式足球超級盃轉播是美國民眾每年必看的節目，許多企業會盡力爭取這個最佳曝光機會，但廣告費自然非常昂貴。

的事有效：創造並分享具有教育意義的內容。舉例來說，在不開發新客戶、或沒有付費廣告的情況下，光一週就有超過四千四百人註冊它們的軟體。它們決定把重點放在很棒的產品、令人驚訝的客戶服務上，並且使用推薦獎勵來激勵現有客戶。傑森說，他寧願把錢給對它們產品感到開心的客戶，激勵他們帶來更多的客戶，而不是向Facebook或Google等大公司買廣告。這麼一來也讓它們少花很多錢。

沒有理由以高額廣告費相互競爭，以獲得新客戶；此外，這種作法對一人公司來說特別困難，因為所需的規模很大，當然成本也很高。讓我為你舉個完美的例子，這個例子就發生在我家附近。

在托菲諾的The Pointe Restaurant是一間屢獲殊榮的高檔餐廳（也是我最喜歡的用餐場所）。服務員會用一杯香檳酒迎接你，接著在幾小時的時間內，當服務員為你送上完美準備的五至七道菜之後，他們就會對你有一些了解。廚師通常會出來看看夜晚的情況如何。當他們送上帳單時，餐廳領班會詢問你，是否需要幫你把車開到門口前面。雖然這些食物顯然支撐了餐廳的頂級地位，但私人接觸才是讓餐館與眾不同的原因，也讓餐館成為人們談論的奢侈品牌。私人接觸的實施成本或許不會太高（例如僱用會努力認識客人的服務員），但能讓客戶驚訝與高興，對建立信任有很大的幫助。有了這樣的服務，他們可以收取更高的溢酬。

在商業活動中，信任不是單純配合行銷活動，制定出適用產品與服務的內部標語或口號。信任不僅要完全融入產品的各方面，還要融入在你的銷售方式與支援裡面。對一人公司而言，維持一間值得讓客戶信賴的企業，能創造市場差異，並能讓你更加與眾不同。這樣的企業更重視品質勝於快速，更重視同理心勝於利潤，也更重視誠實勝於花招。況且，當你身為客戶時，你當然更喜歡向值得信賴的企業購買東西，那麼當你成為銷售方時，為什麼想法卻變了呢？

開始思考

- 你如何將信任與誠實，植入你一人公司的行銷策略當中？
- 你可以跟客戶培養什麼樣的關係，以激勵他們跟他人分享你的企業資訊？
- 你如何確保——無論是透過電子郵件、支援、或社群媒體——始終履行與客戶之間的社會契約？

第11章 推出產品，再循序漸進的反覆改良

我知道我已經在書中多次提及Ugmonk，但這是個令人著迷與鼓舞人心的故事，描述一人公司如何開始。我想再次回到這個故事，並提供更多關於Ugmonk如何起步的細節。二〇〇八年，Ugmonk創始人兼創作者傑夫．謝爾頓大學畢業後的一個月，和他的高中戀人結婚，然後搬到位於佛蒙特州的伯靈頓，在一間設計公司從事全職工作。他很迷戀極簡單的設計與排版，但找不到符合這種審美觀的服裝。於是他自己創立了Ugmonk，而他的起點只有一個想法與四款T恤設計。

但是，傑夫並沒有規劃一間有工廠、有倉庫以及有供應鏈的大型服裝公司，以利製造服裝給大型零售商，他只是從父親那裡借了兩千美元，並且制定一個盡快實現利潤的計畫——將生產外包給美國的T恤印製廠（他仔細挑選每間合作的製造公司，確

保品質也確保和他的道德一致），然後就開始工作了。

因為他一開始只有以四款設計與少量的兩百件衣服經營，因此在償還小額貸款之後，傑夫幾乎很快就能盈利。只有在第一輪、第二輪、第三輪他的T恤很快賣完之後，他才訂購更多的存貨，因此才拉高了成本。傑夫以循序漸進的方式盡快讓自己實現利潤，而非等到規模成長才能實現利潤，這種作法使他得到一個好處：總之，規模經濟發生了。簡單來說，因為銷量上升，降低他的成本，因此他的利潤增加了。雖然以這種方式成長，並不是傑夫最初的計畫，但他也因此受益，這件事也讓他了解，如何先以小規模賺錢，然後再根據客戶的需求，透過反覆的改良達到成長。

兩年來，傑夫設計服裝，固定透過Ugmonk的網站賣出這些衣服，同時他仍做著他的全職設計工作。他利用晚上與週末時間工作，建立Ugmonk，改善設計，組織物流，以及包裝訂單。在最初的兩年裡，他靠全職工作賺來的薪水過生活，並且持續把Ugmonk所有利潤都再投資回他的一人公司，直到有足夠的推動能量與規模，能支付薪水給自己和其他一起工作的人，他才全職投入。他也一直到自己的第一間小公寓塞滿庫存，才搬到更大的倉庫與營運中心。

雖然 Ugmonk 一開始就有盈利，但傑夫一直很小心的避免太快擴大規模。他慢慢發展，循序漸進的反覆改良，慢慢提高生產量、產品數量，以及公司承擔的工作量。如同第八章提到的 Need/Want，Ugmonk 也直接面對客戶進行銷售，因此它不需要太多員工與資源。另一方面，因為 Ugmonk 一直專注於設計與產品的品質，因此經常有設計出版品與部落格免費為它們宣傳。

可生存的最低利潤

身為一人公司，你需要儘快實現盈利。由於你不需要依賴投資者注入大量現金，所以你花在建立與創業的每一分鐘，都是你還不賺錢的每一分鐘。因此，儘快推出你的產品或服務，即使規模很小，但以經濟角度來看，這是明智的作法，也同樣具有教育意義，因為快速推出產品或服務也可以當成完美的學習體驗。產品的最初版本不需要很大——它只需要能夠很順利的解決一項問題，並且讓你的客戶覺得買了之後對他有幫助。

找出你自己的可生存的最低利潤（minimum viable profit）——也就是你的企業能

夠盈利的某個點（我們稱之為MVPr）——請記住，數字越低你就能越快達成。因此，重要的是擴展你的發展步驟，以循序漸進的方式發展而不求一次到位，並且只關注核心功能，減少費用與開銷，以及確保你的企業模式能先在小規模之下運作。

在這裡，你的工作假設是你的MVPr——不是你的客戶數量、不是你經過審慎思考的成長，甚至也不是你的總收入——這是你的一人公司可持續發展的最重要決定因素。如果你從一開始就能盈利，那麼你就可以解決其他事情。如果你的費用很低，利潤就能越早實現。決策應該根據已實現利潤為基礎，而不是根據可能發生的預期利潤來進行決策。這是以成長為主的企業與一人公司在經營方式上，非常關鍵與重要的差異。即使一人公司需要成長，也是根據實際利潤指標而定，並非根據充滿希望的利潤預測而定。

你的MVPr一開始會很低，因為一人公司通常從一個人、或兩到三人的小團隊開始，他們有足夠的能力與技能去創造需要創造的東西。只有在真正需要更多人，而且利潤可以支持的情況下，團隊才會變得更大。當公司賺的錢，足以支付老闆（們）的薪水時，就會產生利潤；這是MVPr的「最低限度」，因為只有當賺來的錢足以供應至少一人時，一人公司才能成為全職投入。生存能力是指 MVPr 可以長期持續供養一個人，或是會隨著時間經過而增加。當你公司的獨立生存能力越強，你的利潤就更能真正成長。到那個時候，你可以選擇付自己更多薪水、或專注於規模化系統、或減少工作但維持相同薪水、或者根據收入的增加進一步拓展事業。最終，選擇權會在你的手中。

一人公司的里程碑，是成為一間賺取可預測且一致性收入的企業。MVPr 是以最少的投資、最短的時間來實現。

快速盈利對一人公司來說很重要，因為想同時做到專注於成長與利潤，幾乎是不可能的。對大公司來說，傳統的成長需要對未來進行投資，這通常代表著把錢投入銷售流程，並押注……**在未來某個時候**，能獲得更高的回報率。關注成長可能需要在銷售人員、付費獲取新客戶、增加支援團隊上、甚至是大型科技基礎設備上花費更多錢，以應付所希望的成長。這一切的設想是，更多的支出最終能產生更多的利潤。

專注於未來預期的利潤，對一人公司來說是行不通的。一人公司從非常小的規模（一個人，不需要辦公室）起步，並且只在利潤允許的情況下才會增加支出。成長會非常慢，因為從零開始漸進式的增加——少量的利潤對應少量的支出，當利潤稍微增加，支出才接著稍微變多，以此類推。這是一個極為漸進的過程。

對一人公司來說，指數型的利潤成長不是它的核心目標，因為只要能實現盈利，通常就夠了。到那個時候，你能選擇——成長、維持不變、更多休假時間、擴展系統，也有做這些選擇的空間，因為你的目標不是讓利潤呈指數型成長，而是單純賺取大於支出的利潤。

簡單就（快速）好賣

根據創業家兼作家丹·諾里斯（Dan Norris）的說法，在你推出產品之前，你不可能獲悉任何事情。

一項產品的創立，是為了解決一項特定的問題，這聽起來很容易理解。但是丹指出，在人們實際付錢與使用產品之前，你不會知道你的產品能否順利解決這個問題。無論你是銷售汽車、會計軟體或餐車沙拉三明治，這些產品的存在，都是為了修正或解決現有、緊迫的問題。像是汽車，當你有了比走路更快的交通工具，你就可以更快的抵達很遠的地方。或者會計軟體之所以存在，是由於持續追蹤費用與銷售，對每個企業來說都很重要，而利用自動化軟體能持續追蹤，避免使用廢紙來做。沙拉三明治呢？它解決了飢餓問題（或讓人滿足內疚卻愉快的食慾）。

身為一人公司，新產品持續進行開發所度過的每一分鐘，都是你沒辦法觀察產品是否能順利解決問題的每一分鐘，更糟糕的是，你沒能在開發期間賺錢，也沒能達成你的MVPr。這就是你應該盡快推出產品可用版本的重要原因：你的公司必須開始產生現金流，並且獲得客戶的回饋。舉例來說，安德魯．梅森（Andrew Mason）以一個基本的網站創立了Groupon，他手動輸入交易並製成PDF，從Apple Mail寄電子信件給訂閱者。智能手錶Pebble，只利用一個解說影片和Kickstarter募資活動就起步了（甚至沒有實際產品），它從Kickstarter活動為產品的開發募集了超過兩千萬美元；Pebble最後賣給了FitBit。維珍航空（Virgin Atlantic）最初起家時只有一架波音七四七飛機，在英國倫敦蓋威克機場（Gatwick）與美國紐澤西州紐華克機場（Newark）之間飛行。

一旦這些新公司開始啟動並且運作，它們就能根據客戶的回饋來發展企業，並做出正面的改變。

一人公司幾乎以相同的方式，需要不斷反覆改良它們的產品，以保持有效、新鮮，以及跟市場的關聯性。因此，快速推出你的公司，但接著立刻著手改善你的產品，讓它變得更好。當你推出產品的第一版時，你會猜測很多事情——它在市場上的定位如何，是否很難、或很容易接觸你的目標受眾與獲得他們的注意力，人們購買的意願如何，願意以多少價格購買。但好消息是，一旦你推出第一個版本，這些資料就會馬上源源而來。銷售情況如何？評論如何？客戶保留率如何？他們是否對你的產品感到興奮，而分享給其他人？你可以、也必須使用這些數據，進一步改善你的產品，讓它成為更好、更有用的解決方案，以解決你想解決的問題。

我再怎麼強調這點也不為過：為一個大型或複雜的問題，找到一個簡單的解決方案，是你身為一人公司最強而有力的資產。你獨特的創造力無法外包給人工智慧或大型團隊。你用簡單來解決問題的能力，會讓你和你的技能到了任何市場上都有價值。從小規模做起的好處是，你可以從只有少數客戶使用你的產品做起，可以直接跟他們交流——獲得回饋、建議以及改善。

對一人公司來說，推出新產品的過程必須很簡單（如果你回憶第一章的內容，這就是一人公司的定義特徵。）你的新產品推出應該是簡單的選擇、簡單的消息傳遞，簡單的精準鎖定一群受眾。

哈佛大學教授喬治．懷賽斯（George Whitesides）認為，簡單的心理特徵包含三個要素：可預測性、可親性，以及供應基本組件。可預測性代表簡單的產品容易馬上被理解。解決單一問題的產品就是簡單，例如 Casper 床墊，能讓你晚上睡得安穩。Casper 沒有生產一〇八種床墊，它們只生產三種。可親性代表誠實——Casper 不做誇張的宣傳，但它以可靠的研究和超過四十萬名客戶的絕大多數正面評論來支持其產品。

最後，供應基本組件，是指以現有的、能被充分理解的概念為基礎。Casper 並沒有發明一塊柔軟的長方形泡棉膠來睡覺，並稱之為床墊。它們只是簡單的以一個現有的行業、現有的產品為基礎，並讓它變得更好。每個人都知道床墊是什麼，所以 Casper 不需要解釋；它們只需解釋**為什麼**它們的床墊更好。事實上，Casper 並沒有推銷床墊，而是追求**睡得更好**，而它們的床墊就是可以達到目的的工具。這項資訊在它們所有媒體（社群媒體、它們的部落格，以及任何其他廣告）中始終如一。Casper 床墊高度鎖定的目標市場，是那些準備升級他們的笨重床墊，但不喜歡去商店與銷售員交談的年輕人。這些客戶會更願意在網路上購買，而且如果他們不喜歡這個產品，他們享有退貨的保障（可以試用一百天）。

保持產品上市的簡單性，能讓你避開阻礙，順利推出並與市場分享你的產品。如果不具備簡單性，你就必須花費過多時間來創造你的產品，然後解釋它是什麼、它的功能是什麼。簡單可以讓你很快達成 MVPr，也能真正開始了解你的產品在市場上的表現如何。

為你的產品募資，不一定需要創投

讓我們回到 Ugmonk 創辦人傑夫．謝爾頓的例子，他想創造並銷售一款叫做 Gather 的桌上收納架。銷售實體產品可能是很困難的事，因為涉及大量的前期規畫，接下來可能涉及最低訂單的製造合約，因此也可能需要大量投入預付現金。這就是許多產品公司尋求融資、銀行貸款或需要大筆資金才能開始的原因。

然而，Gather 的情況並非如此。傑夫決定建立群眾募資活動來測試他的新產品概念。他認為，這種方法能讓他看到他的受眾有多想要 Gather 這個產品；如果他們想要，他們就會為傑夫募集到他所需的資金，讓他能生產這個產品，無需把控制權拱手讓給投資者。而且因為他已經花十年的時間，為他的 Ugmonk 品牌建立了一群非常狂熱的受眾，傑夫的 Kickstarter 群眾募資活動為他募集超過四十三萬美元（超過他最初的募資目標 2,394%），為他得到非常寬裕的資金，足以支付 Gather 投入生產所需的所有成本。

在順利募集資金後，傑夫已經有能力逐步增加這項產品的產量，提供給現有的受眾，此外，他是直接從受眾身上獲得資金，而不是從外部投資者身上募資，外部投資者可能不會跟他有完全共同的願景。如同先前所述，最早創造的智慧手錶之一 Pebble 手錶，如果不是因為它的群眾募資成果——很快成為有史以來募集資金最多的 Kickstarter 項目，它甚至沒辦法成功的開始發展。（然而，即使從七八四七一名支持者手上籌集超過二千萬美元，這並不能確保 Pebble 的長期成功。）

這沒什麼好大驚小怪，群眾募資是一種從投資者身上募集資金的替代方案，它是創業的發展趨勢。它比創投資金更容易取得，也能讓你把你的點子直接交到潛在客戶的手中——如果他們同意你的想法，他們會把錢拿出來抵押當作是預購。如果他們不認同你，那麼你只是浪費時間開發一個群眾募資活動（行銷與初步樣品）而已，而不是浪費幾個月、或幾年來開發產品。

不過，也不是直接就認定「創投＝不好，群眾募資＝很好」。創投資金有時會帶來企業特別需要的導師，甚至是建立業務關係所需的聯繫。另外，創投資金不僅可以帶來創造產品所需的商業經驗，也能帶來經營公司所需的商業經驗。只不過尋找投資者往往並非易事。如同任何一位創業家會告訴你，想要找到有錢、認同你的願景、並且渴望投資你想法的人，往往是很難的事。

創投對它們自己的獲利與投資擁有的部分股權更感興趣，群眾募資似乎更符合一人公司——如果產品為受眾解決了一項問題，那麼受眾就會成為客戶。利潤會很快的在一開始產生，讓你可以完全根據賺到的錢做出選擇，選擇你的企業該如何繼續下一步。如果你的群眾募資做得很好，可以發揮極大的益處，但是請記住，群眾募資並非是完全萬無一失的籌資管道：一般來說，只有35％的Kickstarter活動成功募集到資金。不過，雖然群眾募資只是一個利基市場，但它在二〇一六年募集了約六十億美元的資金。耶魯大學管理學院教授歐拉夫・索倫森（Olav Sorenson）認為，群眾募資非常適合面對消費者的產品，但可能不太適合商業為主的產品。

群眾募資也比傳統募資方式更為菁英化。哈佛商學院的研究顯示，投資人——男性白人為主——更喜歡與自己相像的創業者與企業經營者，例如其他男性白人。相比之下，根據資誠聯合會計師事務所（PwC）與全球群眾募資中心（The Crowdfunding Center）的研究，女性在群眾募資上的表現更為突出：她們實際達成募資目標的成功率高於男性32%。

以凱瑟琳・克魯（Katherine Krug）為例，她是BetterBack公司的執行長，這間公司以群眾募資方式，為它的產品募集超過三百萬美元的資金，這項產品是用來幫助那些在辦公桌前久坐而引發腰部問題的人。由於沒有外部投資能干擾她，因此她能夠完全掌控自己公司的方向。凱瑟琳因為拒絕《創業鯊魚幫》的資金而聞名，她認為群眾募資對女性創業家而言是理想的平台，能獲得開發新產品所需的資金。她也發覺群眾募資對一人公司來說更自由，因為很多創投公司常認為五十萬美元、甚至一百萬美元的公司太小而不足以投資。BetterBack沒有辦公室，並且透過來自世界各地的小型團隊在運作。凱瑟琳她本身就在世界各地工作，每季都在不同國家工作。她的企業與她領導員工的方式，更著重於個人成長，而非指數型的利潤成長。

資金不一定是必要的

有時候，如果你對企業或產品的構想，需要投入大量的資金才能開始，很有可能是因為你的構想太大或太複雜了。而且，有時候你應該在人們向你提出某些需求，並且願意付錢給你的時候，才開始創業。

德瑞克．席佛斯（Derek Sivers）因為開始在網路上銷售自己樂團的CD，而意外創辦了CD Baby——在二〇〇八年以二千二百萬美元賣出，當時公司每個月的淨利潤約為二十五萬美元。最初，德瑞克的朋友問他能不能也幫他們賣自己的專輯，隨著越來越多人提出要求，收入模式開始形成，德瑞克的CD Baby企業因此誕生。但在一開始，他的企業不需要資金就能創立——只需要有一個想法，以及執行想法的投入時間。

CD Baby從未接受任何投資者，即使每個星期都有外部人士提出想投資它。德瑞克不需要CD Baby迅速擴張，因為它從一開始就有賺錢，它也只專注於為它的受眾服務，而不是擴大自己的利潤率。除了德瑞克的客戶和他自己，他不必取悅任何人。他認為每個決定都應該以客戶的最佳利益為考量基礎，無論是籌資、拓展業務、或是進行宣傳。德瑞克花了五百美元創立 CD Baby，第一個月收入三百美元，第二個月收入七百美元，從那之後就開始盈利。

客戶通常不會要求企業成長或擴張。如果成長對客戶來說不是最好的，也許應該重新考慮是否要成長。因為當你真的重視你的客戶與他們的滿意度時，正如我們在第七章所提，他們會向每個人提起你的事。

在第三章曾提到的 Crew，它創立時只有單頁網站與收集資料的表格，以便手動配對自由工作者與企業。當需求大到無法手動處理時，它們投資客製化軟體。當它們推出另一項產品 Unsplash（免版稅圖片）時，它們也以類似的方式進行：在微型部落格 Tumblr 上買了一個十九美元的主題，上傳十張由當地攝影師拍攝的高解析度圖片。三小時內，推出第一版簡易網站。它們以手工方式做這項工作，直到非得需要一個可擴展的系統不可，再用它們的利潤來投資可擴展的系統。現在，Unsplash 每個月的照片瀏覽量超過十億張（現在它是一間有賺錢的企業，即使現在是創投資助的公司）。

雖然聽起來有點老生常談，但企業必須為他的客戶解決問題。無論是銷售床墊幫助客戶享有更好的睡眠，或是提供圖片，只有當企業的受眾認為企業對他們有幫助時，它才能成功。所以，作為剛起步的一人公司，你的第一個目標是為特定受眾找出解決問題的最佳方法，然後迅速、有效的投入工作。

因為從小規模開始，一人公司可以投入所有精力，為實際有需求的人解決問題，而不是投入精力追求成長，直到有一天成長到**也許**足以為人們解決問題。這種模式也為你和客戶之間的關係提供堅實的基礎：藉由消除官僚體制與大量基礎架構的阻力，你可以直接與客戶互動，傾聽他們的意見，並與他們產生共鳴。

舉例來說，如果你想銷售一門線上課程，教人們如何經營網路生意，那麼最好先提供一對一的諮詢服務。如此一來，你不必等到拍好所有影片，開發或建立好一個線上課程平台，並建立起線上課程賺錢所需的受眾後，才能實現盈利。只要你的第一位客戶為你提供的個人指導付錢，就會產生利潤。

Evolve + Succeed 創始人哈雷．格雷（Halley Gray）發現，大多數創業的人都會犯一個錯誤，就是認為產品永遠是第一優先。其實新公司創辦人可以先以提供服務的方式，實踐他們的產品理念，如此一來他們幾乎可以馬上開始營運，而不是花費大量的時間（或現金）來開發一項產品。當丹妮兒・拉波特被自己創立的公司開除後，她以這種方式創立了「Fire Starter Sessions」。她先提供服務，因此她幾乎能夠馬上產生收入，同時當她一對一服務導向的工作有所發展時，她證明了她的產品是有市場的。藉由這種作法，她對她的受眾有了更多了解，並且確定了他們想要從她身上得到什麼，所以當她的產品推出時，產品賣得非常好，而她獲利百萬美元以上的企業也就此誕生。

快速推出，並且經常推出

我們常常認為，我們只有一次推出產品或企業的機會，第一次的亮麗登場才是最重要的。如果它不能馬上獲得巨額利潤，我們會認為那注定失敗。不知道為什麼，我們覺得第一次向大眾公開（有時以數位方式）是具有神奇魔法的。

這種想法的問題在於，大多數產品的推出**並沒有**得到很大的成功。是的，產品推出或許可以賺一些錢（如果一切順利），但事情往往不如我們所預期，不會很快有成效，因為一開始多半是我們的猜測。我們猜測目標受眾、產品定位，以及受眾賦予我們銷售的產品什麼價值。WD-40是有名的多用途潤滑劑，它的名字是以三十九次失敗與一次成功所命名。最初WD-40是為航太工業而創造的，但是當員工將它用於其他用途時，它變得非常受歡迎，因此它被帶到零售市場，在那裡蓬勃發展。通用汽車（GM）在一九九六年推出電動車（EV-1），但發現它太過於「小眾」了，因此取消了該計畫；二十年後，二〇一七年，它的Chevrolet Bolt（也是電動車）被《汽車趨勢》（Motor Trend）雜誌評選為年度車（Motor Trends Car of the Year）。只有在你首次推出產品之後，你才能開始測量資料並收集關鍵洞察：什麼東西有效？什麼東西無效？如何接收資料？以及如何設定截然不同的產品定位？

產品推出並不是一次性、單一性事件，而是一個連續過程，包含推出、測量、調整、重複。LinkedIn共同創辦人雷德．霍夫曼（Reid Hoffman）曾表示，如果你推出的第一版產品沒有讓你感到尷尬，那就代表你推出得太晚了。如果你認為，每間公司都是根據創辦人完整的精神與不變的理念所發展，那麼這是很荒謬的想法，尤其是許多非常成功的公司都是透過方向調整、徹底改變、或反覆修改它們的路才走向輝煌，才到達它們現在的位置。

暢銷書《從A到A+》(*Good to Great*)作者吉姆．柯林斯(Jim Collins)研究了一四三五間公司長達四十年的發展情況。他發現每間非常賺錢與成功的A+公司，都是在只不過足以推出的情況下就起步。這些公司只專注於一件事，捨棄其餘的部分。吉姆．柯林斯用狐狸與刺蝟來做比喻：狐狸非常聰明、狡猾，還有許多捕捉獵物的技巧；相較之下，刺蝟只有一個技巧——把自己捲曲成布滿尖刺物的球。無論狐狸為了捕捉刺蝟，而布署多少招數，刺蝟只用一招就打敗狐狸的所有招數，狐狸沒辦法吃刺蝟。許多公司試圖成為狐狸，為每個人做每件事，或者推出盡善盡美的產品，但能夠長期蓬勃發展的成功公司，都只鑽研於單一任務並掌握它。你仍然需要以一套多樣化的技能組合建立一人公司，但服務客戶的焦點必須是單一的。

如今的技術，讓這種單一焦點變得非常容易。阿尼爾．戴許(Anil Dash)說，「現在每間公司都是科技公司。」過去，把科技公司從其他公司中單獨區分出來是合理的，但現在每間公司都高度依賴科技，甚至一人公司也是。從它們在電子郵件、電子商務軟體、到自動化生產上的運用，每間公司現在都是科技公司，擁有可供自己使用的技術，不只為了建立可擴展的系統(第八章所談的內容)，更是為了實現更高程度的聚焦。

舉例來說，公司不需要努力開發新的線上支付系統，它可以使用 Stripe、Square 或 PayPal 來代替。公司不需要投入時間與資源，為網站建立內容管理系統，它可以使用 WordPress。需要串流影片？那就使用 YouTube 吧。尋找供應鏈管理？現在有數百種軟體解決方案。盡可能使用現有的科技來經營公司，你便可以更專注於你的核心構想——核心解決方案——並找到你的核心利基市場。

因為產品第一次推出通常不會產生驚人的結果，所以只要一人公司有東西要推出，就應該盡快完成產品的推出。接著，根據吸取的教訓，把重心轉向改善產品。透過反覆改良與重新推出，可以得到更好的結果。一人公司需要不斷反覆改良它們的產品，以保持產品的實用性，並與目標市場維持相關性。所以，盡快推出產品，但立即著手改善你的產品。

順帶一提，反覆改良是個持續進行的過程，只要你從市場、從你利基市場中的其他企業、或甚至從你的組織內部（例如支援人員或支援團隊的請求）接收到回饋與數據，你就絕不能停止反覆改良。因此，你的策略不應該是僵化、一成不變的，而是在每次收集到新訊息時，能夠很容易做出改變。如此一來，你的策略永遠不會與你服務的客戶和市場脫節。

百視達（Blockbuster）未能反覆改良以適應不斷變化的市場，而讓網飛屠殺了它的利潤。引用百視達執行長在接受美國財經資訊網站《The Motley Fool》專訪時所說的話：「從競爭角度來看，RedBox與網飛其實都不在我們的雷達追蹤螢幕上。」百視達最終成為毫無希望且過時的零售店，這種經營模式帶來巨額的開銷與債務，最終讓百視達走向破產。當美國知名百貨西爾斯（Sears）未能改變在每家每戶放置目錄的作法時，它就輸給了沃爾瑪（Walmart）與亞馬遜。二〇〇六年，摩托羅拉（Motorola）執行長愛德華·詹德（Ed Zander）這樣評論蘋果推出的iPod Nano：「去你的Nano。Nano到底有什麼用處?誰會想聽一千首歌？」一九四六年，二十世紀福斯電影公司（20th Century Fox）共同創辦人戴洛·賽奈克（Darryl Zanuck）說：「六個月後，電視將無法守住它所占領的任何市場。人們很快就會厭倦每天晚上盯著木盒子看。」上述每個例子都在告訴我們，如果一間公司沒有根據新數據與觀察反覆改良與調整，它就會停滯不前，然後滅亡。

但是，如果你已經推出了一次或幾次，而且還沒產生足夠的利潤，足以維持一個人的生活成本，你如何知道什麼時候該保持彈性，繼續勇往直前——你又如何知道什麼時候該承認失敗，然後停止繼續下去呢（也就是，什麼時候該轉向全新的想法或事業）？

這是暢銷作家提姆．費里斯（Tim Ferriss）在他的播客中，向Behance（提供創意人士展示作品的線上平台）共同創辦人斯科特．貝爾斯基（Scott Belsky）提出的問題。斯科特認為，我們是否能夠在「不應該頑強的繼續前進」與「應該有彈性的堅持下去」之間，找到一條界線，取決於我們最初假設的真實情況。換句話說，如果你因為事情還沒有解決，而處於不知道該怎麼辦的狀態，那麼你依然認為你最初的假設是正確的嗎？而當你了解此時你所知道的一切時，如果重新來過你還會再次執行這項專案嗎？

如果答案是肯定的，如果你仍然認為你最初的想法是有效的，能夠以某種方式賺錢，並且值得繼續進行，那麼你就應該繼續下去。如果答案是否定的，如果你只是因為自己投入許多時間、精力、心力在這個項目，才繼續堅持下去，那麼堅持下去就是不合乎邏輯的事。如果你是因為這是自己的計畫，而高估了這個計畫（所謂「秉賦效果」〔endowment effect〕），那麼你或許該停下來。

贏家從不放棄的想法不僅過於簡化，更是無稽之談。大部分成功企業的創辦人已經認輸過好幾次。事實上，正是因為他們的放棄，才讓他們在失敗後找到成功。拿破崙．希爾（Napoleon Hill）在他一九三七年著作的《思考致富》（*Think and Grow Rich*）一書中說：「放棄者永遠不會成功，成功者永遠不會放棄。」但這並非真理。索尼公司創辦人盛田昭夫（Akio Morita）最初發明了煮飯鍋，卻煮出燒焦的飯（這是一個很好的放棄理由）。伊凡．威廉斯（Ev Williams）創辦播客平台 Odeo，後來便放棄了（蘋果公司在不久後推出自己的播客平台，使 Odeo 被淘汰），後來威廉斯轉而創辦了推特與 Medium。

所以，如果你因為方向偏離了原本的想法，或因為你所投入的一切（時間、金錢、資源）而拒絕改變任何事情，那麼沒錯，你可能會為了錯誤的理由而繼續。但是，如果你最初的願景仍然看似客觀有效，而進展與利潤只是來得比你想像中的慢一些，那麼務必繼續。

在 Behance 成立的初期，斯科特．貝爾斯基與他的小團隊距離完全耗盡資金，只剩幾個月的時間。理所當然，他們經常感到灰心喪志，但 Behance 的願景是整合創意世界的作品，這對它們的客戶來說，既有趣也有價值。因此，雖然在沒有享受到巨大成功的情況下，公司團隊有時候會對堅持感到疲憊，但他們並沒有喪失最初的信念。當事情變得非常艱難時，他們也會變得更有彈性——找到建立可擴展的系統的方法，並且重新調整員工的工作，而不是花錢僱用新員工。Behance 把成本降到最低限度，如此一來它們可以更快實現利潤。即使是現在，Behance 已經非常受歡迎（每個月超過六千萬次的設計瀏覽量），並且被 Adobe 收購，負責 Behance 所有視覺創作與它的出版品 *99U*（印刷、數位，以及一系列會議）的設計團隊，仍是一個非常小型的三人設計團隊。

因此，採用簡單的解決方案，盡可能快速朝向 MVPr 努力，接著在產品推出後反覆改良它，你的一人公司可以建立一個彈性的企業，而這個企業的產品或功能，可能會隨著時間的經過而有所變化，但仍然為客戶服務，並且提供完全有價值的服務。

開始思考

- 你可以透過執行想法的最小版本，馬上開始進行什麼樣的新企業或產品？
- 如何確定你的 **MVPr**？可以採取哪些步驟來儘快實現你的 **MVPr**？可以縮減哪些部分來更快達成你的 **MVPr**？
- 什麼產品或服務，是可以解決客戶問題的最簡單的解決方案？
- 你是否可以在沒有資金、無法想像會是什麼樣子的情況下，創辦你的一人公司？

第12章 關係的隱藏價值

《紐約時報》暢銷書作家、Owner媒體集團（Owner Media Group）執行長克理斯．博根（Chris Brogan）不相信以不誠實手段才能賺錢。相反的，他更喜歡在雙方共享利益的基礎上，與他人建立長期關係。

克理斯認為，小型企業主（以及一人公司）有時會對銷售感到尷尬，並對其產生反感，因為他們認為銷售意味著把你的產品推銷給其他人。不過，他和許多其他人都發現，賣東西給已經和你建立關係的人容易多了，因為他們知道你是真的出於私人的關心他們，也希望他們變得更好。在這種關係當中，銷售不須強求。這完全是建立在培養起的友誼基礎上。

反過來說，如果你的企業不斷銷售與推銷商品，人們會下意識的開始回避你的企業，或停止回覆你的電子郵件。但如果你利用你的平台來教學，賦予他人能力，並使客戶的生活或企業變得更好（正如我們在第九章所見），你就會被視為是值得信賴的顧問，而不是個靠不住或虛有其表的銷售人員。這就是克理斯促成朋友與他發現在從事有趣工作的人的原因，且沒有人要求他這麼做。他透過不斷思考來創造關係：**我認識誰，有誰能因為跟我認識的這個人接觸而從中受益？**然後，他透過一對一、或與他的所有受眾分享來推動這些關係。久而久之這種獨特的方式，獲得其他人與他的受眾的許多好感，當克理斯有東西要推銷或銷售時，這有很大的幫助。

克理斯認為這種關係可以幫助一人公司，因為消費者天生就更信任小企業，更不信任大企業，不論是否如此。克理斯表示，「克里夫蘭市，你好嗎？」跟「保羅・賈維斯，你好嗎？」兩者之間有很大的差異。一人公司可以利用這種個人化的方式來建立優勢，喊出客戶的名字，或直接與客戶交談。舉例來說，如果你的郵寄名單上有一千人，而且多數人會回覆你的電子報，你就能夠閱讀並親自回信給每個人。大公司成立的目的並非是做到這種個人化的額外服務。

小公司常常會想要表現得像大企業，這很奇怪，因為現在很多大企業試圖表現得像小公司。克理斯注意到一個趨勢，特別是在食品與飲料領域：消費者對優質食品（價格更高）的需求，促使大品牌收購小公司，或表現得像小規模的手工公司。舉例來說，百威英博集團（Anheuser-Busch）擁有至少十間手工精釀啤酒公司。辦公室用品供應商史泰博（Staples），發現人們越來越少光顧它的零售店面，於是發起一項名為「召喚你內在的專業人士」（Summon Your Inner Pro）的活動，把重點放在培養企業與企業之間的關係。當客戶說他們希望從一個品牌獲得更多的個人化體驗時，他們真正想要的是與公司建立更多的私人連結或關係，以便公司能更了解他們。

克理斯認為，小企業必須從接受小企業做起，並且表現得像小企業。一人公司可以對自己是一人公司感到自豪，利用自己的個性脫穎而出，把自己的小注意力放在利基市場，把目標鎖定在自己想服務的特定客戶群。它們可以知道客戶的名字、了解客戶的需求與動機。跟客戶培養關係，最終會降低客戶去其他地方的可能性，並且增強他們認為規模小一點會更好的信念。

克理斯說，有些企業（無論規模大小）把關係搞錯了，它們使用「我們的受眾」這種說法，來宣稱它們對受眾的擁有權。雖然這看似是微不足道的問題，但卻是個重要的問題，因為受眾或消費群體不是一間企業獨有的財產。你不能擁有受眾，因為除了你自己的公司之外，這些受眾還支持、購買，並享受許多公司的其他產品。他們不太可能無時無刻只想著你的公司。

公眾擁有權隱含寓意是，公司認為可以用這種關係來向特定群眾銷售更多東西。這種心態很容易讓受眾或公眾反對公司。這就是為什麼克理斯通常只會使用他的郵寄名單，寄出每週文章跟他的受眾聯繫而已；（非常）偶爾，他會向他們推銷他創造的產品。然而，在多數情況下，他只利用自己的名單提供新聞、資訊以及有價值的內容，藉此跟自己服務的公眾聯繫。他以提供幫助的方式建立關係，先讓受眾從關係中受益，以後當你試圖向他們推銷一些東西時，這些體驗能讓他們有真正互惠的感覺。

建立受眾的正確方向

你無法購買真實的人際關係，也不能強迫人們購買你的產品。想要建立起熱衷於向你買東西，以支持你公司的受眾，首先需要建立真正的關係——包含信任、人性化以及同理心。

圍繞著你的企業、產品或品牌建立名副其實的受眾，有別於成長駭客。事實上，本書的整體概念與成長駭客的作法背道而馳。

一人公司不會變成成長駭客，因為成長駭客真正的方向當然是成長。對於成長駭客公司而言，成長是衡量有效性或成功的唯一指標，並認為成長永遠是有益的（但正如我們從無數的故事和前幾章所提到的研究，可以了解事實並非如此），它們不僅認為這種作法是有用的，而且認為這種作法完全是必要的。成長駭客所建立的關係通常是為了抵銷客戶流失，它們的目標是盡力的快速建立受眾，然後盡可能不斷向他們進行銷售，直到他們讓步、購買，或者放棄然後離開。這種「流失與消耗」的心態可以帶來更快速的短期利潤（或者至少是短期受眾成長），但根本稱不上是在建立關係——而且通常會透過付費方式獲取新客戶。「流失與消耗」並不能建立或培養人際關係，也不是建立在信任或共享利益的基礎上。這只是一種朝規模化方向發展的方法，為了使關注成長的企業得以實現利潤。

Glide（影片聊天 app）剛推出時，在蘋果的 app 商店的社群網路分類排名第一，主要是由於它的邀請系統有病毒式擴散的特性。在預設情況下，這個 app 會收集使用者的通訊錄，透過發簡訊的方式，發出垃圾邀請給使用者的每個連絡人（垃圾邀請就像是非你故意發送的邀請）。當你開始使用 Glide 的 app 時，這種情況就會在預設下發生；為了防止 app 對你整個連絡人名單發簡訊，你必須找到正確的設置才能將它關閉。在經歷大量負面新聞報導與抵制之後，Glide 表示它已經改變它的「成長策略」，不會再向客戶的整個通訊錄寄出垃圾邀請，但實際上，這種情況在多年後還是發生了。Glide 因此在蘋果的 app 商店的社群網路分類中掉了上百個排名。

The Circle 是另一個專注於成長駭客的 app，它群發垃圾郵件給客戶的連絡人名單，希望獲得更快速的成長。後來，執行長埃文・雷斯（Evan Reas）改變了他對成長駭客的看法，因為這種作法不斷對他的公司產生是何其反的惡果；他開始相信，一間企業的成長，應該是由很棒的客戶體驗所帶來的結果，而不是為了追求成長而成長，卻在追求成長的同時抹殺了很棒的客戶體驗。Wealthfront 產品主管安迪・瓊斯（Andy Johns，曾任職於 Facebook、推特，以及 Quora）發現，那些積極關注指數型成長勝過一切的初創企業，將會以指數型方式加速走向失敗。

Intercom（為企業網站提供客戶溝通服務的平台）創辦人迪斯・特雷諾（Des

Traynor）說，網路世界的浮士德式交易（Faustian bargain）就是，你可以隨時用你的信譽，來換取受眾的注意力。雖然這種「交易」可以讓你的企業、品牌、或產品迅速爆紅，但它也會導致企業關注在錯誤的衡量指標上（那些不會帶來利潤的指標），甚至更糟的是，導致企業做出欺騙客戶的事——例如存取客戶的通訊錄，發送垃圾邀請訊息給客戶的朋友與同事。這種成長無論多麼快速，最好的情況就是不會持久，而最壞的情況則是適得其反。只以成長為衡量標準的指標，不一定是能夠衡量企業健康、永續、有利潤的良好指標，而且它們肯定沒辦法跟完善的產品、有同理心的公司長期競爭，以贏得客戶滿意度。

比起利用乏味、短暫的成長駭客建立關係，與其相反的是類似 Kiva 這種公司。Kiva 是一間提供小額貸款服務的公司，它的整體商業計畫是培養關係，不是一夕之間擴大它們的受眾，而是在小額放款人與小額貸款接收者之間建立聯繫。Kiva 的職責是，藉由幫助貧困國家中需要資金創業、或經營企業的人，將人際關係融入到我們的金融體系中。像是辛巴威農村商店老闆琳迪瓦（Lindiwe）等人，在 Kiva 網站上說出自己的故事，提供一些關於自己的資訊，他們來自哪裡，以及他們想用貸款完成什麼事。想資助林迪瓦或其他人的計畫的人，可以在閱讀他們的故事後，借出部分或全部他們所需的金額給他們。

經過一段時間後，當琳迪瓦賺錢了，她就償還貸款。目前Kiva的還款率為97%。它建立起由一六〇萬名放款人與二五〇萬名借款人組成的關係網，聚集成千上萬在現實生活中可能永遠都不會相遇的人。Kiva平台把他們串聯起來，目前為止已經產生超過十億美元的貸款。Kiva的神奇之處在於，它讓那些需要小額貸款來為自己發展一些事的人，展示他們的故事與生活，這些人通常處於難以取得貸款的環境，而Kiva藉由幫助放款人與借款人建立關係與連結，從而促成這些小額貸款。Kiva是一個關係型企業，結果是促成小額貸款。Kiva沒有流失或消耗客戶，它們反而是著重於放款人與借款人之間的關係。

一人公司透過朝著**更好**、非**更大**的方向努力，就能找到它正確的方向，要做到這點，它就要和它的受眾與客戶建立長期關係。讓自己變得更好的部分方法是，為受眾提供更好的服務，如果服務得當，受眾會成為客戶，如果客戶服務得當，客戶會成為支持者。關係型公司與專注於成長的公司之間的區別在於，前者了解，真正的關係建立得更慢，它是以更有意義的方式建立起的，而且沒有大量的流失率。不能要求立刻有銷售額；而是在關係發展出一點信任之後才會帶來銷售額。這樣做的想法是，當受眾將他們的注意力投到你身上時，你也應該透過傾聽與同理心對待來回報這些受眾，那麼你就能獲得銷售上的回報（而且通常是長期銷售）。衡量利潤或客戶保留率能帶來更持久的發展，因為正如有句格言所說，「你的衡量標準是什麼，就會達成什麼結果。」（What gets measured gets done）所以，如果你關注的是成長，就會得到成長的結果。但是如果你關注的是長期的客戶**關係**與銷售**關係**，就會得到長期的客戶關係與銷售關係。

為了找到正確的方向，一人公司該如何建立真正的關係呢？不幸的是，即使我們渴望讓關係變得逼真，也不會因此就神奇的變得真實，消費者也很聰明，足以看出我們真正的意圖，無論我們願不願意。

克理斯·博根相信，當企業透過它們的行動，重複分享簡單的訊息，真正的關係就會被建立起來。這些公司早在進行銷售之前，就透過分享它們的服務和為什麼需要這項服務，來清楚的表達它們的中心思想。在我們的採訪中，克理斯現場創造了一個故事，說明這個概念能為企業帶來什麼效果：

想像一下，你的公司是賣幸運餅乾，而這個幸運餅乾裡面包著表揚員工成就的訊息。你的理想客戶會是希望獎勵員工辛勞工作的人力資源人員。你可以在你的網站上使用簡單的訊息，類似像這樣：「我們的存在是為了讓你在工作中做些好事。」這顯示表揚在工作上的重要性，也有效的支持了你銷售的產品（這是表揚的好工具）。你開始利用電子報，每週向客戶展示一位優秀的員工，以這種方式來進行行銷工作，會是很有意義的事。這能向客戶展示為什麼讚美很重要，也能向客戶展示這麼做能為重視表揚的公司帶來什麼益處，同時也提供一個很好的例子，能以什麼當成獎勵方式。

電子報不是直接用來每週推銷你的幸運餅乾，因為沒有人會願意訂閱每週的產品推銷。電子報應該是用來向客戶傳達，獎勵努力工作的員工有什麼潛在好處，進而突顯你的產品是一種可以達成這種潛在好處的具體方式。這個電子報訊息所傳達的是，首先，身為企業，你希望你的客戶能成功；其次，你有一項產品可以幫助他們做到這點。透過不斷收集客戶、與客戶交談，你可以逐步和他們建立真正的關係，並且更了解他們在生意上的需求，因為這和你所賣的東西有直接相關。身為一人公司，在這個例子上，你的正確方式是向企業展示，如何透過獎勵優秀員工而受益——這影響幸運餅乾的銷售。

累積社會資本

即使一人公司的真正方向不是追求成長，一人公司也需要擁有三種資本。第一種是**金融資本**，我們在第十一章中學到，應該盡可能以小規模創業，以便快速實現利潤——實現你的MVPr。第二種是**人力資本**，這是你（或你的小團隊）為企業或團體帶來的價值：這個價值的形式，是你發展某些事業，並且能自主的經營事業所需的技能——或者你學習這些技能的意願。第三種必備的資本是**社會資本**（*social capital*），雖然金融與人力資本很重要，但社會資本往往是企業成敗的因素，因為它關係著市場或受眾如何看待你的產品的價值。

早在一九〇〇年代初期，「社會資本」一詞就不時的被拿來使用，但直到一九九〇年代才流行起來。這個詞最早是在一九一六年由L．J．漢尼芬（Lyda Judson Hanifan）所創；後來它再度興起，成為一種以貨幣形式描述人際關係的方式——特別是網路上的關係。社會資本能獲得的好處就是，你可以要求人們做對你有利的事（例如購買你的產品，或者讓某些人向其他人分享你寫的東西）。

目前使用社會資本一詞的前提假設是，我們的社會網絡[25]確實具有價值。在這些網絡中的人會為彼此做事情，例如購買產品、分享文章，以及互相幫助。關係代表貨幣。因此，一人公司需要把社會資本想像成銀行帳戶，你只能從中取出你放進去的東西。如果你總是要求人們購買你的產品，或者你只會在社群媒體上宣傳你的企業與產品，那麼你的餘額會變成零，或者你很快就會透支。人們不會想購買那些不斷在社群媒體上騷擾他們的東西，像是發布「買我的東西！」這類推文或貼文，或是每個禮拜寄出電子報，吹捧自己產品的優點。無論你要求了多少次，你都不會促成任何銷售，客戶轉換戰術或成長駭客都沒有幫助。

25 譯註：social network。是由人與人之間、或人與組織之間，透過互動形成各種社會關係，進一步所構成的社會網絡結構。也就是說，社會網絡是由許多節點（人或組織）、連結（節點間的關係）所構成的一種網絡結構。

相反的，在你要求受眾購買你賣的東西之前，你必須經常在你的社會資本帳戶中存款，並積累你的餘額。你可以盡力多為你的受眾提供協助與創造價值，藉此累積社會資本。核心是，你的社會資本取決於你能為你的受眾提供什麼，像是教育、信任、價值，以及名聲。社會資本是建立在互利關係的基礎上，而不是單方面的商品宣傳盛宴。

來自社會網絡的關係——可以是讓人們建立起關係的任何東西，不只是推特或LinkedIn——具有無限的價值。這就是許多一人公司具有可以促成銷售的郵寄名單（他們控制的社會網絡）的原因。或者是許多一人公司都在社群媒體上進行交流的原因。「關係」是建立商業所需的信任基礎。

Buffer（我們前幾章提到的）是一間幫助人們管理他們的社群媒體帳戶的公司。Buffer每天在自己的部落格上寫文章，分享社群媒體相關的好文章與深入研究文章，這些都是它的受眾非常感興趣的內容。Buffer從一開始就致力於免費提供有價值的東西，並在兩年內成長至超過一一二〇萬名用戶，每個月都有超過七十萬人閱讀它們的部落格。

暢銷書作家兼攻占世界高峰會（World Domination Summit）創辦人克里斯・古利博（Chris Guillebeau），親自寄郵件給他郵寄名單上的前一萬人，以感謝他們的註冊。有時候做一些不能規模化，但卻相當真實的事情，是和你的受眾建立穩固的關係的好方法。克里斯透過他的真實性與個人化接觸，已經銷售超過三十萬本書，並且每年持續賣出攻占世界高峰會活動的入場券。

關於建立社會資本，有幾個不同的學派，其中一個受歡迎的理論是由 HootSuite 公司的山姆・米爾貝斯（Sam Milbrath）所提出，該理論認為先把你跟受眾的大量互動分為三等份。山姆建議三分之一的更新應該與你的企業或內容相關，另外三分之一應該是分享他人的內容，最後三分之一應該是與你的受眾建立關係的個人化互動。

佛羅里達州立大學市場行銷助理教授威利・博蘭德博士（Dr. Willy Bolander）與東北大學市場行銷助理教授辛蒂亞・薩托尼諾博士（Dr. Cinthia Satornino）發現，高達26.6%的銷售業績變異來自企業的社會資本。因此，透過累積社會資本建立關係，會直接產生更高的銷售額——有時銷售額甚至增加三分之一。透過分享與教學，正如我們在前幾章所看到，你可以把自己塑造成一位可靠的專家。而且當你利用你的專業知識幫助人時，你可以建立起你和受眾之間的社會資本。

社會資本之所以有效，是因為它能帶來互惠關係。你分享得越多，提供真正的價值與幫助，並與他人建立關係，他們就會越想幫助你。本書前面提到的丹妮兒．拉波特，沒有把商業關係與她的私人關係分開。對她來說，兩者是一樣的，而且她認為，所有良好的商業關係背後都有堅實的私人友誼，雙方都是真誠的關心對方、互相幫助。這些關係是持久的關係。

抱持著同理心去了解，除了你的產品或服務——無論是知識、教育、或只是幫助——消費者真正希望從你的一人公司得到的是什麼，這樣一來能得到很大的幫助。同理心可以讓關係從「我能賣給你什麼？」變成「我該如何做才能真正幫助你？」這是累積社會資本的方法：建立長期且互利的關係。

別遺忘向你買東西的那些人

HighRise是一間CRM（客戶關係管理）公司（也是我們提到的Basecamp的分支企業），這間公司在有人成為它的軟體客戶時，做了一些非常少見的事情——它們的支援團隊為新客戶拍攝個人化的影片。它們用名字來稱呼客戶，詢問客戶需要哪些特別協助，並且讓客戶直接接觸 HighRise 的人。

雖然提供這些影片絕對不是個可擴展的系統，但它絕對是企業與客戶之間，神奇的關係建立者。這些影片不是用專業的鏡頭所拍攝的——大部分是由搖晃的手機鏡頭所拍攝，光線很差——但這些影片總是很受歡迎。事實上，這些影片受歡迎到，經常被拿到社群媒體上分享，為 HighRise 帶來很多媒體報導。用如此簡單的三十秒影片來歡迎客戶使用一項產品，就能真正建立起商譽、社會資本，以及客戶與公司之間真實的連結。

麥基爾大學非常強烈的認為，與客戶建立深厚的關係是必要的，因此他們在這個主題上，實際開設了幾門課程與研習班。加州大學洛杉磯分校的社會認知神經科學（social cognitive neuroscience）教授馬修．利伯曼（Matthew Lieberman）甚至暗示：當美國心理學家亞伯拉罕．馬斯洛（Abraham Maslow）提出，生理需求與安全需求是人類最基本的需求時，馬斯洛在他的金字塔式需求層次上犯了很大的錯誤。相反的，根據利伯曼的看法，被馬斯洛定義為心理需求的歸屬與關係，才是我們最基本的需求，它們才應該在金字塔的底部，因為人類彼此之間是有關聯的。

然而，大企業專注於讓一切變得更快，通常很少提供真實的人際互動。顯然，可擴展的系統很重要，但前提是人際互動仍然能發揮作用。很多時候，公司把所有的注意力都集中在讓受眾變成付費客戶，一旦他們的受眾變成付費客戶，公司就不會花足夠的時間跟他們接觸。對克理斯．博根與許多其他一人公司來說，他們會直接把注意力放在客戶身上——為客戶提供適當的使用者操作引導，定期與客戶溝通，並且確保客戶能從買來的東西獲得價值與用處。他不想從某個人身上只賺到一次一百美元，他想要長時間從每位客戶身上賺幾千美元。這就是他在每次銷售後都會關注客戶關係的原因——確保客戶很高興，而且會一次又一次的回來，向他購買更多東西。

在公司努力提升影響力、受眾，以及客戶的同時，它們不能忘記現有的客戶群。Daiya Foods是加拿大一間以植物為主的食品公司，專門生產不含乳製品的起司替代品，多年來一直受到素食者、它們的核心客群青睞。當這間公司在二〇一七年夏天出售給日本製藥巨頭大塚製藥（Otsuka）時，它的客戶感到非常憤怒。大塚製藥經常以動物測試產品，對Daiya Foods的客戶而言，大塚製藥的行為直接與素食主義者的主張——無動物實驗的生活，並且不傷害動物——對立。這樣的憤怒不只來自消費者：在商業產品中使用Daiya Foods起司的企業，也很快的聯合抵制這個品牌——例如多倫多的素食比薩店Apiecalypse Now，他們每週向Daiya Foods進貨二十箱，是食品連鎖店以外，單筆訂單量最大的「起司」訂購者。

Daiya Foods原本以為，把自己賣給一間跨國公司就可以接觸更廣的客群，但突如其來的價值觀錯位結果，導致長期忠實客戶的抵制。在追逐成長的過程中，Daiya Foods忽視它最初獲得成功的主要原因——專門為吃素的人提供飲食服務。在Daiya Foods出售消息宣布後的幾天之內，連署與抵制迅速在網路上展開，有數千名前客戶，因為Daiya Foods改變成立時的核心價值而覺得被背叛。有一些零售商立刻停止銷售Daiya Foods，像是波特蘭市的Food Fight與布魯克林的Orchard Grocer。在幾小時之內，超過六千人在連署書上簽名抵制這個品牌。

請切記，Daiya Foods並不是個別事件。當蘋果公司發布充滿錯誤程序的地圖軟體時，蘋果公司執行長提姆·庫克（Tim Cook）不得不公開道歉。當聯合航空將一位客戶從他付費的座位上拉走時，消息在網路上傳開，聯合航空的股票暴跌，損失十億美元市值。當妮維雅（Nivea）發起一個思考不周的「白就是純」（White Is Purity）活動時，很快被白人至上團體（不是它們的目標受眾）所接受，但公司也引起消費者的強烈反彈，因為這些消費者認為廣告明顯是種族歧視。

如果沒有優先考慮你的企業所服務的核心群體與關係，你很可能讓他們覺得自己不重要——或者更糟的是，讓他們覺得你的公司不在乎他們。這時，他們會拾起數位草耙子，帶著對你企業的憤怒走上網路世界的街頭。而消費者的憤怒，很少會在憤怒的推文上停下來——這也會引起嚴重的商業不良影響。

麻省理工史隆管理學院講師吉姆．多爾蒂（Jim Dougherty），確立與客戶建立關係的幾個要點，好讓客戶對你的企業產生情感與忠誠：

首先，要確保客戶喜歡你的企業。這是個相當顯而易見的觀點，但是如果沒有這項基本先決條件，你就無法在一段關係中向前邁進。以你的方式做到個人化、友善，以及有幫助的關係，讓潛在客戶或客戶更喜歡你的企業。

其次，必須慎重對待客戶。這會讓客戶不得不讚賞你的努力，你所提供的東西，以及你公司的行為。你可以做一些事來建立你對客戶的重視，例如後續追蹤，在你的名單上對客戶進行有效的細分（例如，不向他們推銷他們已經購買的產品），並努力把你提供的服務或產品做到最好。

接下來，客戶必須欣賞你「整個人」——不只是你試圖向他們推銷東西時的行為舉止。還包含你支持哪些慈善機構？你在工作之外是如何做事？由於每個人都會在社群媒體上分享一切，你一輩子的生活可以透過 Google 搜尋引擎被任何人找到。例如，有些執行長會在他們自己的孩子出生時分享這個消息（像是馬克．祖克柏，或是梅麗莎．梅爾〔Marissa Mayer〕）。提姆．庫克是非常注重隱私的人，但他分享了一篇文章，承認自己是同性戀，並且支持同性戀平權活動。客戶會欣賞那些感覺與行為和自己相似的企業。當你把這件事做好，客戶對你的欣賞就會隨之而來，一旦你有了他們的欣賞，客戶就會對你的成功與成就產生興趣，而不是產生怨恨或嫉妒的感覺。

最後，長期保持關係是很重要的，即使有些客戶一陣子沒有向你購買東西、提供財務支持，你也應該和他們保持關係。保持一致性與長久性是關鍵。多爾蒂認為這是多數企業在關係上失敗的原因——也就是說，當商業利益似乎消失時，企業會因為不能「抽出時間」而漸漸遠離關係。然而，此時正是讓關係變得最有價值的時候，客戶可能會考慮再次購買，或者向他們的同儕或自己的客戶大力推薦一間公司。良好的關係是成功企業的基礎，對一人公司來說更是如此。

跟客戶建立關係的投資回報，可以體現在幾個方面，例如客戶對品牌的忠誠度、對產品的口頭宣傳、或者甚至是客戶流失率降低。ＩＢＭ針對六十個國家、三十三個行業中的一千五百多名企業領導人進行研究，發現在這些領導人當中，多數（88％）領導人將更深入的客戶關係視為企業最重要的層面。

跟客戶建立關係，說到底就是讓客戶愉快：如果他們高興，他們會繼續使用你的產品或服務。如果他們高興，他們會跟別人提起你的公司。如果他們高興，他們會對你的品牌保持忠誠。關於客戶關係你不需要想太多，重點永遠是：身為一人公司，你如何讓你的客戶高興？

別當一匹孤狼

記住，正因為你可能為自己工作，不代表你必須靠自己工作。因此，你和同業之間的關係，就如同你與受眾或付費客戶之間的連結一樣重要。

Wakefield Brunswick 執行長安琪拉·德文（Angela Devlen）了解在事業上不當孤狼的價值。她的公司為了為客戶提供更完善的服務，會藉由跟相關領域的頂尖人物合作，來完成工作——為大型醫院與醫療保健機構提供顧問服務，協助它們進行重大災害的恢復規畫。這些合作夥伴不是 Wakefield Brunswick 的員工，但當她讓他們參與專案時，他們確實代表她的公司。這是一個由獨立企業主組成、緊密且值得信賴的關係網，他們在單一品牌下為客戶合作；反之，如果其他企業主把她帶進一項專案中，她在專案中就代表其他企業的品牌。一項特定專案將每個人聚集在一起，成為一個團隊，團隊中的每個人都為團隊服務，接著團隊解散，直到再次需要他們。這不需要瑣碎、細微的管理，因為這些企業主對於需要提供的服務很熟練，所以有了專案領導人的方向，有可能實現完全自主的情況，也確實實現了。

透過這種經營方式，安琪拉可以在共享辦公室經營她的企業（她推薦經營一位小公司的人這麼做），並且只僱用一位全職員工。因為人力資源負擔很低，這讓她企業的行政管理非常輕鬆，也讓她從較低的開銷中獲得更大的利潤。

Wakefield Brunswick 之所以擁有可靠的合作夥伴，正是因為安琪拉一直努力跟自己企業相關服務領域的領導人培養關係。如果她只是僱用在街上找來的人就行不通了，因為如果這些人不先接受大量培訓，他們就無法具備必要的信任來代表她的品牌，而這麼做會需要花很多時間。

身為一人公司，Wakefield Brunswick 在面對它所承接的專案，它的規模與能力都是有限的，但透過跟其他獨立承包人建立關係，公司可以將自己的專業知識與技能和其他公司相結合，並且有能力承接更大的合約。記住，Wakefield Brunswick 只在專案有需求時，會與其他企業合作；在其他情況下，他們可以自由的做任何想做的事。企業的各個層面都是建立在我們認識的人與認識我們的人之上。

同樣的，Ghostly Ferns（一個「設計師家族」）從事的是機構規模的專案，同時也維持著鬆散的獨立工作者群體，由這些獨立工作者提供不同的設計服務，從插圖、品牌建立、到網頁應用程式設計。團隊隨著專案需求而成長或縮減，個別成員也根據需求承接自己的專案。這種靈活性讓 Ghostly Ferns 能夠跟林肯汽車（Lincoln Motor Company）這樣的大客戶合作，讓它們能夠跟大客戶競爭並贏得競標，也讓它們獲得著名的獎項。Ghostly Ferns 的創辦人梅格．路易斯（Meg Lewis）認為，把獨立工作者的技能結合在一起，當彼此的軍師，大致上相互支援，帶來的結果會比加總他們個人可實現的技能更好。

詹姆斯．尼修斯（James Niehues）手繪了二四〇多幅滑雪場地圖。如果你曾經去滑過雪，你可能就看過他的作品。尼修斯在他四十歲時失業，但他對畫風景非常感興趣。於是他聯繫當時壟斷滑雪場地圖的比爾．布朗（Bill Brown），去碰碰運氣，看他是否需要幫助。結果尼修斯真的遇上機會了，其實布朗即將退休。因此當他們一起做了幾項專案，也建立了深厚的關係之後，布朗把所有的任務都轉交給尼修斯——他現在已經畫了三十年的滑雪場地圖，並以此維生。

如果你在為自己工作，通常可能會更相信自己是孤獨的，然後也表現得像你的公司在這場奮鬥中是孤獨的，好像你的企業只需要你，不需要外部的互動或參與。但是跟同行的其他人、或甚至類似行業的其他人建立連結，並且與他們培養關係，我們有機會獲取新想法，也有建立寶貴關係的途徑，藉此帶來新客戶，或者也可以當作情緒宣洩的管道。當然，我們想要保有我們的自主權與獨立性，但是我們也時常需要一群人一起運作，因為團結力量大。

開始思考

- 你在面對具體問題時，如何把你的客戶當成真實的人而去了解他們？
- 你企業的正確方向是什麼，你可以採取哪些行動與企業方向保持一致？
- 你如何提升你的價值，為自己增加社會資本，藉此建立「關係」這項財富？
- 你能夠跟現有的客戶群產生共鳴的方式是什麼？

第13章 創立一人公司——我的故事

這本書到目前為止涵蓋了大量的故事、數據以及研究，描述為什麼為了經營與維持一人公司（或者任何你想長期維持的企業），擴大成長應該受到質疑。現在我們可以把注意力轉移到謎團的最後一部分——想成為一人公司，我們到底該如何從零開始做起。

在這一章中，我們關注的重點是，自己創業的情況會是什麼樣子（雖然我們知道還有另一種方式——也可以在大公司內發展成為一人公司）。我希望本書的內容能讓你了解，這種違反直覺的工作方式，既可以讓你的錢包受益，還可以讓你全面性的享受工作樂趣，而且為自己工作也非常有意義。現在讓我們來看看如何化為實際行動——如何建立小規模且富有彈性，而不會的失敗的企業。我先從我自己的故事開始。

一九九〇年代中期，當時我在多倫多大學學習電腦科學與人工智慧——考慮到目前的趨勢，堅持下去似乎會非常有幫助。但我討厭它。我會儘快完成學習與學校的課後作業，這樣一來我就可以把我的精力集中在我真正有興趣的事情上：就是被稱為網路新事物，以及如何利用設計與程式碼在網路上建立網頁。

我創建了一個俚語（在「真實的」詞典中不存在的詞）詞典網站，這個網站開始得到很多報導與關注。由於媒體發現網路很有趣，因此我得到媒體的注意力，但除此之外，我還得到了設計機構的注意力，這些機構認為它們的客戶可以從網站中受益——而機構本身可以建立付費網站並從中受益。

於是我輟學了，並且到多倫多一間公司從事全職工作，設計與架設網站。這項工作順利的進行了一段時間，但最終我不滿意這間公司「始亂終棄」的態度，這間公司更重視工作數量，而非客戶關係的品質。經過一年半之後，我發現這間公司沒有保持對客戶的多重承諾，我覺得這份工作不合適我，於是我辭職，打算去其他目標跟我更一致的公司找工作。

然後在我離職後的第二天，發生了一件有趣的事。正當我已經準備去圖書館想想該如何寫簡歷時（因為我從來沒有寫過履歷，當時網路也不像現在擁有大量資源），我的電話響了。我剛離開的那間公司的客戶打電話來，因為他們聽說我已經不在那裡工作了。原來，他們已經注意到我想為每項專案帶來更多價值的渴望，他們想要跟著我，把生意移到我現在任職的任何公司。

於是我萌生一個我以前從未有過的想法——也許我可以為自己工作，創立我想經營的企業類型，讓我所做的工作與我的目標相符。後來，我沒有去圖書館寫履歷，而是去圖書館思考如何創業。於是，我開始了我的工作，持續近二十年的工作，為自己而做的工作。

當時我並沒有把它稱為一人公司，但實際上，一人公司就是我正在做的事。一開始，我犯的錯誤遠多於我的進步，所以我藉著講自己的故事，希望能讓你免去一點心痛，也避免和我一樣在早年遭受真正的財務損失。

但首先，有一些注意事項

網路上關於為自己工作的每篇文章，似乎都在讚揚擺脫全職工作束縛的好處，擺脫了全職工作，你就可以在世界各地的海灘上，在腿上擺著一台筆記型電腦，手裡拿著一杯邁泰（mai tai）雞尾酒，自由、快樂的獨自工作著。

我們不斷得到這樣的思想：為自己工作是我們所有問題的答案，也是通往成功的唯一可靠途徑。但事實上，縱然我為自己工作的時間比大多數人都長，我仍然不認為這對每個人來說都是最好的選擇。我之所以這麼說，並不是因為有些人缺乏足夠的能力，所以無法創立屬於他們的一人公司，而是因為這麼做並非對每個人都有意義。這完全取決於你想做什麼，以及你想要怎麼做。

當你成為自己的老闆的時候，你沒有人力資源部門可以幫你處理薪水、福利以及培訓計畫；沒有會計部門幫你處理應付帳款與應收帳款，或者向那些還沒有付你錢的人追討；也沒有業務人員與行銷團隊為你拓展新業務。因此，除了你賴以維生的主要技能之外，你還得做其他所有的工作。有些人可以把這類工作做得很好，但對另一些人來說，這可能不是他們想花時間做的事。我認識的擁有自己的一人公司的人，他們大約花一半或更少的時間在從事他們的核心技能（寫作、設計、程式設計等）。他們把剩餘的時間花在業務上——尋找銷售機會，寫他們的書，與客戶溝通、行銷等等。

因為總會有「為你自己工作！它比你現在做的任何事情更好！」這類訊息的存在，因此人們常會愛上為自己工作的想法，卻不了解當自己的老闆需要做什麼日常工作。或者如同奧斯汀・克隆（Austin Kleon）巧妙的解釋：「**人們都想成為名詞，卻不想在動詞上下功夫。**」他們想要創辦人或執行長的職位頭銜，或是有著公司標誌的名片與精美的網站，但是他們忘了、或忽略了經營自己公司的日常考驗有多嚴峻。單憑一個非常棒的點子、或憑著熱情就想成功創業是不夠的。有想法、有夢想很好，但是如果你不採取行動並努力去實現，那麼想法與夢想就是廉價、毫無意義的。

更為困難的部分是，讓夢想每天都實現。有時候，你會埋首於會計試算表當中；其他時候，你可能在為客戶進行第三輪修改，或者在面對一位生氣的客戶。夢想成為成功的企業主，與真的成為成功的企業主，兩者的區別在於——每天埋頭苦幹。

為自己工作需要有相襯的自我價值與目標。我會開始為自己工作，是因為我認為比起我以前任職的公司，我能在培養客戶關係這方面做得更好。這成為我的目標——不是成為最好的設計師（我甚至不確定有沒有可能），而是經營一間以客戶關係為重的企業。因此，在我的目標當中所涉及的自我價值，是以「我知道我能做得更好」這種方式參與，而不是以其他糟糕的方式參與。如果你不認為你有可能做得更好，或者你不在乎是不是能做得更好，那麼做你自己的事情就沒有意義了。既然如此，為別人工作也很好——它們已經站穩腳跟，而且有人會處理那些你可能不想做的工作。

你必須要有目標，因為你需要一顆北極星，在不熄滅的情況下長期指引你。快速致富、或獲得商業名聲的願望沒辦法長久激勵你，因為無論你是誰，這種願望都不可能快速實現。世界上有更容易的方式可以賺錢或成名。你為什麼想為自己工作？當事情變得比你想像的更艱難、或需要的時間比你預期的更長時，能讓你繼續前進的動力是什麼？當你陷入經營公司要面對的日常瑣事時，是什麼讓你的付出有代價呢？

對我自己來說，正好我喜歡選擇。我喜歡可以藉由拒絕一項專案、一位客戶或我認為不適合我的客戶，選擇賺少一點錢。我喜歡可以選擇拔掉插頭三個月，和我的妻子一起穿越美國沙漠，來一趟公路旅行露營。我喜歡可以選擇我接下來要從事什麼工作，而不是只能接受交到我手上的工作。我喜歡可以在星期六工作（如果我想的話），然後星期三去健行。擁有選擇的自由是我的北極星。是的，需要一些時間才能走到今天的狀態，一開始我也必須接受不能像現在一樣擁有這麼多的自由。畢竟，有各種帳單需要支付，有時最好的客戶可能不是最合適的，但他是當下在你面前並且願意這個月付你薪水的人。不過，即使在艱困的時期，我的目標——選擇的自由——就是推動我前進的動力。

我不是刻意要傳達一些會讓你感到沮喪的訊息——我只是要挑戰你想為自己工作的想法，就如同你應該質疑「所有成長都有好處」的觀點。如果你認為「是的，我想加入」，那太好了——我希望這本書可以為你提供一些，創立自己的一人公司的路線圖。但如果現在（或永遠）創立自己的一人公司對你來說沒有意義，那也沒關係。或許你的路，是在你所處的組織中成為一人公司，並在那裡建立出色、有彈性的職業生涯。我永遠不會說，每個人通往事業成功與享受的道路只有一條。

建立

假設從明天起，我必須從零開始創業，沒有現有的客戶或追隨者。我該如何建立目標受眾？如何吸引客戶？

這是許多人創業的方式：知道如何把某件事情做好（他們的技能），但當下沒有渴望與他們合作的一群人。你該從哪裡開始？

帶著我所有的技能，我會開始傾聽想僱用網頁設計師、或已經僱用網頁設計師的人的意見，因為這是我擁有的最符合市場需求的技能。這些潛在客戶是如何尋找設計師？他們去哪裡尋找？在這過程他們有什麼疑問？如果他們和網頁設計師有過不好的經歷，是出現什麼問題？在網頁設計專案開始之前，他們想了解什麼？

接著我會為他們的問題提供協助。他們有什麼特別想知道的事嗎？他們想要第二個人來幫忙看過嗎？他們需要集思廣益想想下一步該怎麼做嗎？他們需要第二種意見嗎？關於這個行業，有什麼他們想了解的事嗎？除了我自己的服務以外，我會免費提供一些有用的建議。更重要的是，我不會強迫推銷——我只是想找一些我能替他們解答問題的人。

我所提供的免費幫助，不會是為期一個月的工作，或是重新設計他們的整個網站，而是只需透過電子郵件與聊天就能做到的，無論是當面、透過電話、或透過Skype聊天。基本上，我會提供免費諮詢或是專案的工作階段路徑圖（roadmap）。透過這種方式，我可以了解人們在考慮僱用一名網頁設計師的關鍵因素是什麼，並且深入了解他們最後選擇僱用一位網頁設計師的原因與方式。

如同第四章提到的亞歷山德拉．法蘭森，我會先從找到一個人開始，為他提供我的知識；然後找到另一個人；再找到另一個人。我會盡可能去跟許多人交談，直到我開始察覺出明確的趨勢，了解人們通常會有問題，或者人們通常不理解什麼事。同時，我所做的這一切，不包含任何遊說或推銷我自己。我只會單純的向任何有需要的人提供幫助或建議。

用這種方式與人交談，能做到兩件事。第一，它給了我一個機會，讓我能向想合作的人分享我的知識（不要求任何回報）。第二，我能夠了解我未來的受眾在尋找什麼，他們對我專業領域裡專案的哪方面特別關心，以及我該如何有效的跟他們溝通，幫助他們解決問題。

在我開始向任何人銷售任何東西之前，我會以某種方式幫助他們，先跟他們建立關係。我不會為了日後可以「推銷」或可以銷售東西給他們，而跟他們建立關係。我會和這些人建立與培養關係，是為了可以繼續向他們學習。這些都是互利的關係：他們可以得到我的幫助，同時我也可以累積知識。

最重要的是，當我在進行尋找事實／迷你諮詢的同時，我也在另一個地方工作（可能是一份全職工作）。我不會冒失的從零開始建立自己的公司，因為我不知道這個想法，是不是能夠執行得很好，足以創造可持續的收入。

有了這些基礎之後，我有幾條路可以走。透過部落格，我可以公開寫下我學到的東西，然後最終把我的文章編製成一本書——有許多常見客戶問題與如何解決這些問題的見解（就像我先前寫過的一本書一樣）。或者我可以用我新學到的知識創造我自己的服務，因為我知道我的潛在受眾最需要哪些幫助。我可能會做這兩件事，因為我有信心，我一直在幫助的人會推銷我出的書或我提供的服務，而且是在我不需要一直向他們推銷或銷售的情況下。

這就是關鍵——我幫助過的人之所以會幫助我，正是因為我曾經幫助過他們（雖然我從來沒有指望過他們這麼做）。在我自己的一人公司裡，無論是每一間向我諮詢的公司，或是想僱用我來執行計畫的公司，我都會提供他們幫助，或是先提供執行計畫的路徑圖。即使到後來，當我開始收取可觀的諮詢費用時，我仍是每位客戶僱用名單上的最佳人選。事實證明，樂於助人能夠成為很棒的潛在客戶開發（lead-generation）

漏斗。

我的新企業是以優先幫助他人為基礎，之後才是網頁設計或設計諮詢的合約。我這麼做不是因為我反對資本主義，想無所事事坐著打Skype視訊通話，然後一邊唱著《歡聚一堂》（*Kumbaya*），而是因為我知道這就是建立忠實客戶群與追隨者的方式。

很多人會把這種方法當成是建立慈善機構的建議，或者只適用於針對好友的生意——認為它不可能適用於能夠賺錢，且足以給孩子穿暖、吃飽，以及付得出房租的生意。但這正是我十幾年來發展企業的方式，而且我的企業有四到五個月的等候名單。這就是我出書的方式，也是我的書銷量數萬本的方式。這是我多年來從事創業工作的方式。我只是利用我的技能去幫助別人，因為我喜歡這麼做。而且我最初提供的少量幫助是免費的，後來便開始收取高額費用提供大量的幫助。

這種方法反映了一人公司的精神，你可以馬上開始，不需要在資源、工具、或自動化軟體上投入大量資金。你可以先藉由提供服務，快速實現你的MVPr，然後當這些服務的需求增加時，再開始提供產品。想要開始，你只需要一台電腦與網路，就這些。

想讓你的企業現在就賺錢，而不是現在先花錢以後也許賺更多錢，最好的辦法就是盡快產生利潤。你不需要投資者，不需要自己投資，也不需要創投家的投資。不需要某些硬體或軟體，也不需要使用祕密戰術或策略。你所需要的是當個正派的人，以你重要的技能組合，跟願意傾聽的人分享你所知道的東西。

當我決定不再去其他公司找工作之後，我就以這種方式開始創立自己的公司。當時我還是個十幾歲的少年，我住在家裡，在我父母家的地下室工作，使用我自己以廉價零件組裝的電腦來工作。我為了在未來搬出去住（我很快的向西走）的時候，能夠有足夠的錢來支付生活費，並且除了能夠謀生以外，還能盡可能的累積更多儲蓄，所以我把重點放在那些我馬上就能做的工作上。

傳統的創業方式是從獲得投資開始（從銀行、從有錢的親戚、從創投獲得），然後長時間努力創造一個完美的產品。然而，這種工作方式有很多缺點。你必須對市場、你的定位，以及你的客戶做出大量假設，然後在產品推出之前，你必須花很多錢，等待結果的到來。

一人公司採取相反的方法，即使沒有運作得更好，但也差不了多少。你能夠在沒有任何投資（除了你自己的一點點時間）的情況下成立你的企業，不必對市場、你的產品、或者你的潛在客戶做出很多假設。只要你儘量縮小你的商業構想並且迅速啟動，你就能成立你的一人公司。

舉例來說，Creative Class（我自己的第一個線上課程）最初的構想是三十堂課，需要花四到六個月的時間來創建。我還想開發課程軟體來運作這個課程（要再多花四到六個月的工作時間）。然而，我克制住衝動，不去花四到六個月時間準備課程，改從七堂課和現有的軟體開始；這樣一來我可以一個月後就推出課程，而不是一年後才推出課程。快速推出課程讓我能夠觀察到，哪些內容對實際受眾有用，哪些沒用，然後我可以調整、反覆改良，並且改善。在七節課推出之後，我根據從學生身上獲得的意見回饋，我又加了七節課。有了第二輪加入的七堂課，我可以很快準備好課程，創造收入，然後再根據付費客戶的真實回饋進行調整。到了第六版課程，它已經足以賺到維持我生活的錢。

組織結構

顯然，一人公司的方式是儘量從少開始，然後慢慢成長或根據需求成長，但仍有一些因素需要考慮。

金錢

雖說企業太常只重視收入，但對於一人公司來說，費用一樣也很重要，因為你越早達成你的 MVPr 會越好。

讓我們以這種方式來看看。如果你提供的服務一次收費一千美元，你每個月的支出是二千美元，那麼你每個月至少需要三位客戶才能盈利。如果你需要四千美元來支付你的費用，那麼你至少需要五位客戶才能盈利。現在讓我們誠實的思考兩個問題：剛創業時，你能夠減少任何費用，讓自己可以做更少的工作就能盈利嗎？你要獲得每個月盈利所需的客戶數的可能性有多少？如果需要獲得三位客戶似乎可行，但如果需要五位客戶你可能會忙得暈頭轉向，你得降低總成本，或者提高你的行情。想一想，找到一位客戶、跟客戶培養關係、跟客戶合作、然後完成客戶的專案，這個過程需要花多久的時間。一個月有足夠的時間進行五次這種過程嗎？或者甚至三次？

對於提供產品的公司來說，也需要思考同樣的問題。如果你把你的產品定價為50

美元，你的成本是30美元。如果要獲得2,000美元的利潤，你不是只需要銷售40個產品（2,000美元／50美元＝40個）就好，你需要銷售100個產品（2,000美元／20美元利潤＝100個），才能獲得2,000美元的利潤。同樣的，如果你的費用是40美元，那麼你需要賣200個產品才能獲得相同的利潤。你認為做到的可能性有多大？

另一個跟金錢有關的因素是，你如何運用你的時間。你開發產品的每一天，都是你沒有真正賺錢的每一天，除非你做了預購或群眾募資。你如何讓你產品的初始版本迅速進入市場開始累積收入？

金錢是許多一人公司從業餘專案做起的原因：為了支付創辦人的生活費，他們到達MVPr的路程可能需要花一點時間。我剛開始和我父母一起住，抵銷我自己的生活費（喂，當時我才十九歲），然後用幾年的時間，慢慢從提供服務完全過渡到提供產品——直到產品賺的錢固定會超過我提供服務所收的費用。

法律

小企業可能受人利用、剽竊、或因為欠錢被勒索——有時是被大企業，有時是被規模相同的企業。這就是一開始就應該建立法律制度很重要的原因。

首先，你要確保在你營業的國家與地區正確設置你的營業人（business entity）。第二，將你的企業獨立於你個人之外。換句話說，你的企業本身應該是法人——在大多數國家是公司，或在美國是有限公司（Limited Liability Company，LLC）。這樣的話，如果你的企業出問題，是你企業要承擔法律責任，而不是你本人。所有的錢都應該直接進入你的企業，而不是直接給你，然後你應該以薪水或分紅方式付錢給自己。組織企業的方式有很多種——根據你的需求、你提供給客戶的東西，以及你的所在地——你可能會需要一位律師（有時是會計師）來幫助你正確的設立你的企業。

接下來，在你把自己的公司跟自己區分開之後，你需要防止你的公司被占便宜。對於服務為主的企業而言，為了防止被占便宜，你的企業與你的客戶之間需要有合約。一開始你可以很省事的從網路找到合約。但到最後，你需要找一位律師來協助你，這位律師要熟悉你的執業領域，你營業地點適用的法律，當然也要能夠確保你合約的正確性。對於產品為主的企業而言，為了防止被占便宜，使用者在付錢購買你所銷售的產品之前，需要先同意你的使用者條款。

僱用一位商業律師——合約制的員工，而不是僱用的員工——的原因不是為了讓你起訴別人，而是為了讓訴訟更少發生。我付給我自己的商業律師一小筆年費，當作預付費用，這樣我就可以時常問他一些問題，作為一種預防措施。他不僅盡力確保我的企業受起訴的威脅更小，也讓我的企業起訴他人的必要性更小。不得不把某個人告上法院，或被告上法院，會為我一人公司的日常工作帶來很大的壓力與擔憂。

對一人公司來說，最好的律師是了解你所做的業務類型的人，且樂於跟你這種規模的公司合作。而且一般來說，當你需要僱用他人的專業服務時，通常當最大的客戶或最小的客戶都不是個聰明的想法，這是我費盡一番周折才發現的事。

會計

我一直認為，優秀的會計師應該有能力做到，幫你省下比他們的收費更多的錢。這種信念可能是被誤導的——我沒有研究或數據可以支持這個說法——但儘管如此，我自己的會計師肯定會這麼做。

要為你的一人公司找到最好的會計師，就要尋找了解你的工作類型，且熟悉你的企業規模的會計師事務所或會計師。我自己的企業需要了解線上公司如何運作的事務所，也要了解如何處理收入與經營的幣別不同的情況，因為我的公司銷售數位產品的收入主要來自美國（美元），但我的公司位在加拿大（以加幣經營）。

會計師不只是在營業年度結束，你要報稅時才交談的人。你可以把會計師當成顧問，像是如何處理所有跟政府要求相關的事情；如何與金融法規保持同步（這樣你就不會不小心觸法）；如何以合理的方式支付自己薪水與費用；如何以最適合的方式組織你的企業，以支付最少的稅款。

我每隔幾個月就與自己的會計師交談一次——每當我考慮做任何改變，考慮增加新產品或合作關係，或者預計會有新的大額費用時。或者每當我收到政府寄給我的企業的信（因為通常都不是用容易理解的語言寫的）。我也會讓我的會計師檢查我的記帳，以確保每個項目都正確，沒有任何遺漏。我寧願專注於賺錢，也不想花時間在複雜的細節上，算出我欠政府多少錢，所以我很樂意依靠我的會計師為我提供這項服務。同樣的，我聘請會計師作為獨立顧問，而不是員工，因為一人公司不需要全職會計師。

薪資

正如我在法律部分所提到的，你需要確保你的企業與你自己是分開、獨立的，為了做到這點，你需要做的第一件事就是為你的公司開一個單獨的銀行帳戶，然後再從這個帳戶給自己分紅或薪資。因為我的工作收入有時候是不固定的，所以我一直以過去十二個月中賺的平均利潤（不是收入），再減去25％到30％（撥用於稅）後，當作我的底薪。在薪水提高之前（如果我的利潤增加），我也會考慮每個月生活所需、且能過得寬裕的最低金額是多少。綜合考量十二個月的平均利潤，還有不超過我最低生活費太多的情況下，我能夠為自己設定穩定的薪水。當然，如果你發現你需要的錢更少、或更多，你都可以調整，但是請記得，你從你的企業取出越多錢，它被課的稅就越多。

當你為自己工作時，你要考慮的最大問題是，即使你付給自己的薪水是過去十二個月的平均利潤水準，但不能保證未來你能有同樣的利潤。這就是為什麼建立「備用金」是很重要的——你可以存下一些錢來支付你的薪水與費用，以防萬一遇到一個月或兩個月生意比較清淡的情況。因為我喜歡以非常安全的方式來經營企業，因此我存下六個月的流動資產當做備用金，如果我需要的話，我就能輕鬆快速的取用。我認識的其他人則是認為，三個月的備用金對他們來說就很安心，所以你只要自己決定怎麼做對你有幫助就可以了。就我個人而言，我必須等到備用金累積夠了，我才願意開始把獨立工作當成全職的工作。

另一個付自己多少薪水的考量因素是，你想要有多少休假時間。如果你每年想休假四週，那麼你需要預留一個月的額外儲蓄（在你的備用金以外）。因為如果你不工作，你可能賺不到錢，除非你有經常性收入來源（例如每個月的軟體授權收入）。

當意外事件出現時，有了流動性儲蓄當備用金也會有所幫助。例如，有家人生病或過世時，你可能需要請假，這不是你計畫中的事。在這種情況下，經常性收入來源與備用金會是艱困時期很大的幫助。

儲蓄

除了薪水與備用金之外，我真心認為一人公司應該儘量把存下來的錢，拿去進行被動式投資，像是投資指數型基金（index fund）這類被動式投資工具。假如通貨膨脹率每年大約3%，如果你所擁有的任何資產每年產生的報酬率不到3%，那麼你就是處於流失資產的狀態。順道一提，這也適用於你銀行帳戶裡的所有錢，因為支票帳戶與儲蓄帳戶幾乎沒有利息。[26]

由於我沒有雇主，沒有人會幫我把錢投入401(k)退休福利計畫，或是加拿大政府為我這樣的加拿大人制定的註冊退休儲蓄計畫中，因此我必須思考如何充分利用我能賺錢的黃金時期，同時為未來不賺錢時儲蓄。我的方法是，使用自動提領設定，每個月把一部分薪水從我的銀行帳戶轉移到我的投資帳戶——我以夠多的金額投資，才能發揮長期投資效果，但也不會多到影響我的流動資產的地步。

這裡的目標是循序漸進的管理你的錢。第一，確保你的一人公司賺到足夠的利潤，能支付你的生活費。第二，確保你累積足夠的備用金，即使當工作進展緩慢，也能讓你在你的一人公司全職工作。第三，有了你的薪資與備用金，你可以把錢再投資到你的公司；如果事情進展順利，你應該能夠獲得優於3%的報酬率。另一個選項是，如

26 譯註：加拿大與美國常用的活期帳戶有支票帳戶與儲蓄帳戶兩種。

果你不需要在你的公司投入更多的資金——也許你已經能承擔你的企業成本，你也沒有理由繼續成長。你可以把任何額外的錢投資到指數型基金這類投資工具上。

我使用管理費很低的機器人理財，把我的錢投資在不需要我費心的指數型基金。我會每季檢查一次我的投資，如果我有問題，我會找機器人理財公司的人聊聊。但由於這些投資是長期的，因此我不擔心每天、或甚至每個月的虧損或獲利。我只想在數十年後看到我的錢變多了。

醫療保障範圍

根據你居住的國家，醫療保障範圍或保險可能是你決定是否要自己創業的一個重要因素。

Cushion（為自由工作者提供進度安排軟體）創辦人喬尼．哈爾曼（Jonnie Hallman）發現，他的美國人夥伴不願意自己創業的首要原因，是因為他們對醫療成本感到擔心。當你不是雇主或團體計畫的一部分時，保險的成本肯定會更高，所以在做出選擇之前先好好做比較。

幸運的是，在加拿大等許多其他國家，每個公民都能享有基本的醫療保健服務。加拿大人只需考慮購買延伸醫療保險、重大傷害保險（萬一他們受傷了一段很長的時間），以及人壽保險。但在美國，醫療保健的保障範圍仍然是個問題。身為一人公司，你可以多向外拓展你的接觸，看看能在哪裡獲得健康保險與人壽保險，你肯定會發現這麼做是值得的。

不管你身在何處，通常你可以透過加入一些團體來省下許多錢，例如專業協會、商會，以及商業團體。

生活方式

現在，隨著金錢與保險這些實質基本問題解決後，我們可以開始談談另一個問題，你希望你的一人公司能讓你擁有什麼樣的生活方式。無論你做哪一種類型的工作，你的工作方式永遠會影響生活方式的選擇。一人公司的好處是，你可以圍繞著它建立自己的生活方式，讓你的利潤與幸福達到最適化。

第一步是發展持續、健康的月收入，足以支付成本、你的備用金，以及投資。一旦你把這些需要考慮到的因素都處理好了，美好的事情就會發生：你就能擁有選擇權。如果你想要賺更多錢，你可以選擇去賺更多的錢，或者你可以選擇維持一樣的工作量、賺一樣的錢。如果你選擇後者，那麼你就可以開始確定你的優先次序。你想花更多時間跟家人相處嗎？你想探索這個世界嗎？你想花更多的時間嘗試新的商業想法與機會嗎？

如果你能在每次事情進展順利的時候，排除想要在所有領域擴大規模的想法，你就可以敞開心扉享受自己的生活。當你了解如何賺到「足夠的」錢，你就可以自由自在的享受它帶來的好處。

如果我們的目標很相似，那麼我希望能在不久的將來，看到你去太平洋西北地區大自然中的小徑健行。

開始思考

- 你創辦一人公司的目標或理由是什麼，它是否能經得起時間的考驗？
- 你如何帶著你想做的事情的第一個版本，現在就開始自己的一人公司？
- 無論是在法律還是財務方面，你應該怎麼做才能正確、可靠的組織你的公司？

後記

永遠不成長

在日本山梨縣一處風景秀麗的鄉下地區，有一間旅館名為西山溫泉慶雲館（Nishiyama Onsen Keiunkan）坐落於此，它是世界上最古老仍持續經營的旅館，已經營運大約一千三百年（它在西元七〇五年開業），而且歷經同一個家族五十二代的人所管理。

西山溫泉慶雲館經歷帝國的輝煌與衰落、世界大戰的摧殘，還有不斷來來去去的大規模經濟繁榮與經濟蕭條。不過，旅館還是持續保持足夠的利潤，以維持營運。旅館擁有三十五間客房，備有六處二十四小時開放的天然溫泉浴池，以便為客人提供更好的服務。浴池採用純天然、鹼性、不經人工加熱，也不經處理的溫泉水。旅館還供應簡單、當季、從附近山上與河中取得的當地美食。除了溫泉浴池，附近地區沒有其他景點，當然也沒有無線網路或共乘（ride-sharing）服務。不過，它一直是個很熱門的旅遊目的地，存活時間遠超過我們任何人的壽命（或我們的曾祖父）。客人包括皇帝、政治家、武士以及軍事指揮官。

這間旅館從一開始就專注於客戶服務，而不是成長或擴張。它一直保持小規模，因為它們最重要的任務就是讓客人感到舒適。

我們來看看能跟西山溫泉慶雲館相提並論的另一個例子，藉此了解西山溫泉慶雲館選擇以不追求指數型成長的方式取得成功，是多麼好的故事：世界上最長壽的連鎖經營企業金剛組（Kongō Gumi），是一間佛寺建築公司。創辦人金剛重光（Shigemitsu Kongo）看到一個絕佳的機會：佛教迅速興起，建造寺廟的需求也會隨之而來。在接下來的十四個世紀（即創辦人去世後很久），這間公司一直忙於建造寺廟。就像與它同等的旅館一樣，金剛組始終專注於為客戶服務，並成為它們工藝上的絕對專家，而這樣的專注力讓建築公司富有充足的彈性能堅持下去。

在一四二八年的時間裡，金剛組忙著成為一家建築公司。然而，由於史詩般的金融泡沫與不受約束的信貸成長，一九八〇年代日本市場出現繁榮時期，因此當時金剛組決定進軍房地產，讓情況突然有了變化。有一段時間，金剛組享受到快速成長帶來的短期回報，但通常事情的發展往往是，這種成長是不持久的。

到了一九九〇年代初期，日本的金融泡沫已經完全破滅。許多公司大量借錢，利率被人為壓低，除了債務它們什麼也沒留下。債務就像受大眾歡迎的毒品一樣——每個人都在借錢，每間企業也似乎都在借錢。

金剛組最終欠下將近三．四三億美元的債務，被賣給了一間更大的公司。幾年之後，還是被清算了——結束了它極長期的營運。這間寺廟建築公司度過無數的政治危機、兩次原子彈爆炸，甚至是政府開始將佛教從日本徹底根除的時期，它都存活下來了。但諷刺的是，讓它們無法生存的是快速成長的代價。它們的衰敗是因為，把成長置於穩定與利潤之上。

在日語中，**老店**（*shinise*）是經營持續很久的公司的代名詞。有趣的是，全球所有一百歲以上的企業中，約90％是日本企業。它們的員工都不到三百人，而且那些仍然存在的公司，永遠不會快速成長，也沒有非常充分的理由要快速成長。

相比之下，西山溫泉慶雲館幾乎沒有成長過。它們仍然維持以四十間以下的房間與六處溫泉營運，由於它們意識到長期成功不需要靠成長，因此它們生存下來了。西山溫泉慶雲館一直致力於吸引不同世代的人光顧，它們以這種方式提供服務（這是很多公司沒看到的），讓每位客戶覺得自己是獨一無二的客戶。當然，它們做過一些更新，在一九九〇年代曾重新裝修房間，挖了一口新井，但這些反覆改良是輕微、經過深思熟慮的。

西山溫泉慶雲館之所以存活下來，並非與小規模無關，恰巧正是因為小規模讓它存活下來。它們沒有擴張成為連鎖旅館，也沒有把自己的注意力轉到房地產投資上，也沒有因為市場繁榮而改變想法。它們沒有接受投資者或公開上市。

以全面性的角度來看，耶魯大學管理學院（Yale School of Management）講師理查・佛斯特（Richard Foster）發現，標準普爾五百指數當中的企業平均壽命只有十五年。從另一個角度來看，西山溫泉慶雲館已經營運了一千三百多年。

變得更小，而不會倒

本書的觀點、引用的研究以及歷史教訓指出一個概括性的商業成就理念：商業的成功不是取決於快速、大規模的成長，而是取決於建立能在長期之下非常出色且富有彈性的企業。這並不是想表達成功需歷時一千年才會發生，而是想要說明當企業需要維持時，所謂的成功就是要找到維持企業的方法。正如我們一次又一次看到的那樣，沒有誰是大到不能倒。隨著規模的擴大，威脅越來越大，風險也會越來越大，要做的工作會越來越多，需要實現的利潤也越來越多。

相反的，你可以專注於建構實際上小到而不能倒的企業。你可以藉由保持小規模、更聚焦、更快盈利，讓小規模的一人公司能夠適應經濟變化而度過經濟衰退期，也能適應客戶不斷變化的動機，並且能忽視競爭。

因此，衡量成功的標準不應該是季度利潤的增加、或不斷成長的新客戶取得，或甚至是你創造退場策略（exit strategy）與退場時獲得的比進場時還多的能力。相反，如同 WebStock（很受歡迎的網路會議）的娜塔莎·蘭帕德（Natasha Lampard）所說，你可以專注於「生存策略」（exist strategy）——以堅持、盈利，以及盡力為客戶提供服務為基礎。當你保持小規模並與客戶建立真正的關係時，你可以用快速盈利來衡量你的成功——不是因為你是一位利他主義的嬉皮士，而是因為長期下來會得到回報。長期、忠實的客戶有時會世代相傳，持續為你的企業提供財務支援。

一個需要解決的好問題——需要智慧的問題——是如何避免加入「更多」來處理所有出現的問題。加入更多的東西來解決企業問題，就像在傷口上貼ＯＫ繃——沒錯，貼ＯＫ繃或許可以止血，但把傷口蓋起來並不能幫你解決為什麼一開始會割傷。加入「更多」本質上是一種不先找原因，就想解決現有問題的行動。

如果你搞清楚為什麼你需要更多，你就可以得到更好的結論，這樣的結論才是實際上可能對你的企業與客戶都有幫助的。或許你可以拒絕那些不適合你公司的成長計畫；或許你可以創造並且維持一個很小的企業，不會讓你或你的員工的工作負荷過重，也不會忽視客戶，仍然有豐厚的利潤；或許，你可以不接受藉由投資讓你的企業成長，而是選擇保持同樣的規模。

也許你可以確定什麼是基本夠用的，而不是用更多的東西來解決問題。我在本書一開始就引用李卡多．塞姆勒的話，他認為對企業的生存來說，高於最低限度的利潤不是必要的。他把不惜一切代價追求利潤比喻成，看到監獄還有空的牢房，就認為被逮捕的犯人還不夠多。實際上，對政府來說，管理監獄最好的辦法不是犯罪率飆升就讓更多人可以受到懲罰，而是盡更大的努力確保犯罪一開始就不會發生，因此就有更多納稅人可以為他們創造更多利潤。

我的腦海裡不斷回想起兩個研究，這兩個研究表明，成長是導致許多初創公司失敗的主要原因，甚至包含很多頂級企業也是。事實是，很少有初創公司可以運作很長的時間。它們當中的多數企業甚至維持不了幾年，更不用說要維持十五年了，當然也不用提要維持一千三百年。當它們成長之後，其中的許多企業是因為變得太大而無法成功。大公司會發現失敗更容易，因為它們的客戶消耗率更高，它們需要瘋狂的獲得新客戶以達到盈利狀態，另外，它們龐大的團隊充滿了被期望能完成自己份內工作的人，但天曉得他們有做到嗎？人太多了，你肯定不知道。

足夠的定義是什麼，對每個人來說都是不一樣。足夠是成長的相反。足夠是建立一人公司的真正方向，也和目前提倡企業家精神、成長駭客，以及創業文化的模式完全相反。

正如我們能在這本書提出的研究與故事中看到的，成長並非不變的商業法則。相反的，成長不一定會帶來成功或利潤，特別是對一人公司來說。當你變得太小而不會倒時，你也能變得小到能對自己的工作做出自己的選擇。當你定義了你的目標上限，找出你自己對足夠的感覺時，你就能獲得真正的自由。你就有自由可以拒絕你不想做的事情，或者拒絕不適合你的機會。

在你企業中達到足夠的程度，然後知道不必去探索每個新的潛在機會，就能獲得滿足感。這種自由能讓你以自己的方式經營你的一人公司——這種方式能讓你享受生活，讓你的生活裡充滿你真正想做的事，並為你帶來你真正想服務的客戶。

這只不過是開端

這本書透過觀察一些研究，與人們提出「如果……？」的疑問的例子，一直在探討「一人公司」的概念。如果成長不重要呢？如果我們對目標設置上限會發生什麼事呢？如果商業與資本制度本身徹底改變了呢？

當我開始探索一人公司的旅程時，我認為在我的信念裡我是獨自一人，我的信念是成長不一定永遠是企業最佳的行動方針。但後來，當我深入探索這個想法時，我意識到一場無聲的運動正在發生。世界各地的一人公司，在沒有快速僱用員工或接受創投資金的情況下，開始取得成功並且賺取可觀的利潤。像是 Buffer 與 Basecamp 這些公司正蓬勃發展並成為盈利的公司，還有像是湯姆．費許朋與丹妮兒．拉波特這些人正在挑戰現狀，並且建立規模較小但令人讚賞的企業。

請記住，就意義上來說每個人都是一人公司——或者至少他們應該成為一人公司。即使你在一間不是自己創立的公司領導一個團隊，或者你是一間大公司的員工，沒有人會真正像你一樣關心你自己的職業生涯。事實上，你唯一的責任是為自己的利益著想，並為自己定義成功，然後實現屬於你的成功。

我們大多數人都知道，當創業家的風險比當公司員工的風險更大是個錯誤的看法，因為如今在一間大公司，員工幾乎沒有掌控權，包含公司的運作方式、專注於利潤（或成長）的方式，以及他們工作是否安穩，這些都是員工無法控制的事。沒錯，自己創業或許也有點冒險，但我發現大部分的創業家是我見過最厭惡風險的人。面對風險時，他們會反覆改良想法並放慢腳步，但他們會迅速採取行動以創造利潤（因為他們需要賺錢來付自己薪水）。

藉由成為一人公司，或採納一人公司思維的關鍵概念，你可以培養出成功所需的應變能力，無論是在任何工作、任何公司、或自己創立的公司裡的任何專案或業務中都能成功。先確保你的企業在小規模的情況下可以運作，你就能確保如果它成長了也可以運作。

你會發現，到達某個程度——對每個人來說都不同——之後，擁有更多東西也不會對你的生活品質有什麼影響。當你到達「足夠」的程度時，就能擺脫束縛得到滿足。擁有九千萬美元或擁有九億美元，兩者究竟有什麼區別呢？（老實說，我不知道。）如果你不確定你是否已經到達足夠的程度，那就問問自己為什麼想要更多，或者問問自己為什麼你擁有的東西對你來說還不夠。

接受一人公司的思維模式，不代表一定要做出二選一的決定。你不需要覺得你必須接受它或離開它。相反的，我建議你思考一下，這本書提出的整體方法中，具體部分如何讓你的工作方式、或你的商業運作模式受益。或許你可以採納一些想法，其餘的想法就丟一邊。如果你質疑某些概念，並確定什麼對你自己的企業與客戶最有利，我也會很高興。

如今，超大型公司比以往任何時候更需要學習如何變得更加靈活、更特立獨行、更像一人公司。而那些剛剛開始走自己的路、走向自己事業的人，必須知道還有另一條路可走。事實上，你有無限條路可選，除非你開始對每條路提出問題，否則你可能沒辦法享受你最終走到的地方。

這本書中的一切都源自我的信念，即所有規模的公司都應該是「生活型態」企業，而不是陷入「真實」企業的經營模式中。事實上，每間企業理論上都是生活型態企業，代表著你選擇的生活方式。如果你想在快節奏的公司世界裡工作，你必須接受你的生活沒有太多其他空間。如果你選擇了以成長為重的創投世界，你必須接受對兩群人心存感激：投資者與客戶（而兩者想要的東西可能有很大的不同）。但如果你選擇在一間能夠滿足於足夠的利潤的公司工作，那麼你優化生活的方式，就不只是不斷追求利潤的成長而已。

總而言之，所有企業都是生活的選擇，選擇工作之外我們想過的生活。一個選擇不會比其他任何選擇都好；所有選擇，只不過是根據我們自己內在、深處的個人因素做出的選擇。這本書提出了一種選擇。或許這不是你的選擇，不是你想管理你的生活與事業的方式，但如果是的話，我希望這本書能為你提供一點見解，也為你提供一點能夠指引你的微小光源。

成為一人公司**只有**一條規則：關注那些需要成長的機會，並在接受這些機會之前對它們提出質疑。就這樣一條規則而已。其餘的完全由你決定。但是，如果你停止質疑成長的必要性，你就有可能冒著風險，讓成長的野獸吞噬你和你的整個企業。

一人公司的運動在持續成長（我忍不住講了冷笑話）。如果你想分享你自己的一人公司故事，我很樂意聽你分享（paul@mightysmall.co）。我會閱讀每一封電子郵件，並盡可能回信——我保證。

當一間公司涉足的產品越多、市場越多、盟友越多，它賺的錢就會越少。「全方位快速挺進」似乎是公司通往成功之路的號召。企業什麼時候才能察覺，品牌線延伸最終將導致滅亡。

——艾爾．賴茲（Al Ries）與傑克．屈特（Jack Trout）

《不敗行銷：大師傳授22個不可違反的市場法則》

（*The 22 Immutable Laws of Marketing*）

謝辭

書是團隊的努力，而這些努力是屬於一個人（作者）的榮譽。所以，我要感謝所有名字沒放在封面的人：

感謝我的妻子麗莎，她總是很願意在我需要的時候鼓勵我，並且鞭策我。

感謝我的出色經紀人露辛達·布魯門菲德（Lucinda Blumenfeld），我同樣了不起的編輯瑞克·沃爾夫（Rick Wolff）與他出色的助手羅絲梅莉·麥吉尼斯（Rosemary Mc-Guinness），以及露辛達文學（Lucinda Literary）與霍頓·米夫林·哈考特出版企業的其他人。你們把這本書提升到遠超出我自己夢想的水準，也遠超出我自己可以達到的水準。

感謝那些我為了完成這本書而被我採訪的人。我的採訪要求完全超過我的地位級別，但很幸運這些人同意跟我交談與分享：克理斯·博根、凱特·歐尼爾、凱蒂·沃莫斯利、馬歇爾．哈斯、米蘭達．希克森、湯姆．費許朋、艾力克斯．波尚、安琪拉．德文、布萊恩．克拉克、丹妮兒．拉波特、葛林．爾本、詹姆士．克利爾、傑森．福萊德、傑夫．謝爾頓、潔西卡．艾貝、西恩．杜索達、約瑟琳．葛雷、凱爾．墨菲、凱特琳．莫德、蘭德．費希金、索爾．奧威爾、札克．麥卡洛（Zach Mc-Cullough），還有我在寫這本書時交流過的其他人。

感謝我的「老鼠幫」[27]、我的電子郵件長期讀者，讓我每週日上午能在電子報上分享任何古怪的、大多違反直覺的想法。感謝你們的閱讀、分享，以及鼓勵。沒有你們，這一切都不可能實現。

感謝你，閱讀這本書。我希望我所分享的內容能夠激勵、或為你帶來不同的工作觀點。

27 譯註：作者把真正欣賞他所做的事，並且喜愛他做這些事的人稱為 rat people（老鼠幫）。因為99％的人會討厭老鼠，但1％的人愛老鼠而且把老鼠當寵物，因此他認為每個人都需要找到那1％愛你的人，而你也只需要關注這1％的 rat people。

國家圖書館出版品預行編目（CIP）資料

一人公司 : 為什麼小而美是未來企業發展的趨勢 / 保羅 . 賈維斯
(Paul Jarvis) 作 ; 劉奕吟譯 . -- 初版 . -- 臺北市 : 遠流 , 2019.07
面； 公分

譯自 : Company of one : why staying small is the next big thing for business

ISBN 978-957-32-8589-2(平裝)

1. 企業經營 2. 策略規劃 3. 創業

494.1 108009190

一人公司
為什麼小而美是未來企業發展的趨勢
COMPANY OF ONE

作者／保羅．賈維斯（Paul Jarvis）
譯者／劉奕吟
總監暨總編輯／林馨琴
責任編輯／楊伊琳
行銷企畫／趙揚光
封面設計／陳文德
內文排版／中原造像 黃齡儀

發行人／王榮文
出版發行／遠流出版事業股份有限公司
地址：104005 台北市中山北路一段 11 號 13 樓
電話：（02）2571-0297 傳真：（02）2571-0197
郵撥：0189456-1

著作權顧問：蕭雄淋律師
2019 年 7 月 1 日　初版一刷
2024 年 5 月 8 日　初版二十一刷
新台幣定價 380 元（缺頁或破損的書，請寄回更換）

ISBN 978-957-32-8589-2

YLib 遠流博識網
http://www.ylib.com
E-mail: ylib@ylib.com